Метрико аффинное многообразие

Динамика в общей теории относительности

Александр Клейн

Aleks_Kleyn@MailAPS.org
http://AleksKleyn.dyndns-home.com:4080/
http://sites.google.com/site/AleksKleyn/
http://arxiv.org/a/kleyn_a_1
http://AleksKleyn.blogspot.com/

Аннотация. Я рассказываю о различных математических инструментах, которые важны в общей теории относительности. Текст книги включает определение геометрического объекта, концепцию системы отсчёта, геометрию метрико-аффинного многообразия. Опираясь на эти понятия я изучаю динамику в общей теории относительности.

Мы будем называть многообразие с кручением и неметричностью метрико-аффинным многообразием. Неметричность приводит к различию между автопараллельными и экстремальными кривыми и к изменению в выражении переноса Френе. Кручение приводит к изменению в уравнении Киллинга. Нам нужно также добавить аналогичное уравнение для связности.

Динамика частицы приводит к переносу Френе. Анализ переноса Френе ведёт к концепции связности Картана, совместимой с метрическим тензором. Необходимы дополнительные физические условия, чтобы сделать неметричность наблюдаемой.

ISBN: 1482738309

ISBN-13: 978-1482738308

Оглавление

Глава 1

Введение

1.1. Об этой книге

Вся моя жизнь была посвящена решению одной из самых больших загадок, которую я встретил в начале моей жизни. С тех пор, как Эйнштейн создал общую теорию относительности, тесная связь между геометрией и физикой стала реальностью ([1]). В тоже время квантовая механика вводит новые концепции, которые противоречат традиции, установленной на протяжении столетий. Это означает, что нам нужны новые геометрические концепции, которые станут частью языка квантовой механики.

Когда я познакомился с общей теорией относительности и квантовой механикой, я почувствовал, что язык квантовой механики не адекватен явлениям, которые она наблюдает. Я имею в виду геометрию.

1.2. Геометрический объект и принцип инвариантности

Разделы 3.1 и 3.4 были написаны под большим влиянием книги [12]. Изучение однородного пространства группы симметрии векторного пространства ведёт нас к определению базиса этого пространства. Многообразие базисов - это множество базисов изучаемого векторного пространства и является примером однородного пространства. Как показано в [12], это даёт возможность определить концепцию инвариантности и геометрического объекта.

Мы определяем два типа преобразований многообразия базисов: активные и пассивные преобразования. Различие между ними состоит в том, что пассивное преобразование может быть выражено как преобразование исходного пространства.

Это определение может быть распространено на произвольное многообразие. Однако в этом случае мы обобщаем определение базиса и вводим систему отсчёта. В случае пространства событий общей теорией относительности это приводит нас к естественному определению системы отсчёта и преобразованию Лоренца. Система отсчёта в пространтве событий - это непрерывное поле ортонормированных базисов.

Принцип инвариантности, рассмотренный в теореме 3.4.4 ограничен векторными пространствами и применим только в рамках специальной теории относительности. Наша задача описать конструкции, которые позволяют распространить принцип инвариантности на общую теорию относительности.

Измерение пространственного интервала и временных отрезков является одной из важных задач общей теории относительности. Это физический процесс, который позволяет изучать геометрию в определённой области пространства времени. С точки зрения геометрии, наблюдатель пользуется ортогональным базисом в касательной плоскости как своим измерительным инструментом, так как ортогональный базис приводит к простейшей локальной геометрии. Двигаясь от точки к точке, наблюдатель переносит с собой свой измерительный прибор.

Понятие геометрического объекта тесно связано с физическими величинами, измеряемыми в пространстве времени. Принцип инвариантности позволяет выразить физические законы независимо от выбора базиса. С другой стороны, если мы хотим проверить полученное соотношение в опыте, мы должны зафиксировать измерительный прибор. В нашем случае - это базис. Выбрав базис, мы можем определить координаты геометрического объекта, соответствующего изучаемой физической величине. Следовательно мы можем определить измеряемое значение.

Каждая система отсчёта снабжена неголономными координатами. Роль неголономных координат в физических расчётах рассмотрена в статье [15].

1.3. Свободное движение в метрико аффинном многообразии

Независимость метрического тензора и связности позволяет нам видеть, какие объекты ответственны за различные явления в геометрии и, следовательно, в физике. Даже несмотря на то, что мы не доказали эмпирически существование кручения и неметричности, мы видим здесь очень интересную геометрию.

Метрико-аффинное многообразие появляется в разных физических приложениях. Очень важно понять какова геометрия этого пространства, как кручение может влиять на физические процессы. Именно поэтому небольшая группа физиков продолжает изучать теорию гравитации с кручением [2, 3, 4, 5, 6].

В частности, мы имеем два различных определения геодезической в римановом многообразие. Мы можем рассматривать геодезическую либо как кривую экстремальной длины (соответствующую кривую мы называем экстремальной), либо как кривую, вдоль которой касательный вектор переносится параллельно, оставаясь касательным к кривой (соответствующую кривую мы называем автопараллельной). Неметричность приводит к тому, что параллельный перенос не сохраняет длину вектора и угол между векторами. Это приводит к различию между определениями автопараллельной и экстремальной кривых ([7] и раздел 5.1) и к изменению в выражении переноса Френе. Изменение геометрии влияет на второй закон Ньютона, который мы изучаем в разделе 6.1. Я показываю в теоремах 5.3.1 и 6.1.1, что свободно падающая частица предпочитает экстремальную кривую, перенося свой импульс вдоль траектории без изменения.

Форма второго закона Ньютона зависит от выбора формы потенциала. В случае скалярного потенциала второй закон Ньютона сохраняет соотношение между силой, массой и ускорением. В случае векторного потенциала анализ движения в гравитационном поле показывает, что тензор напряжённости поля зависит от производной метрического тензора.

Неметричность значительно изменяет закон движения в пространстве времени ортогонального базиса. Однако изучение параллельного переноса в пространстве с неметричностью позволяет нам ввести перенос Картана и связность, совместимую с метрическим тензором (раздел 5.3). Перенос Картана сохраняет базис ортонормированным и это делает его важным инструментом в динамике (раздел 6.1), так как наблюдатель использует ортонормированный базис как инструмент измерения. Динамика частицы основана на переносе Картана. Тогда появляется вопрос.

Мы можем изменить связность как мы показали в разделе 5.3. Почему мы должны изучать многообразия с произвольной связностью и метрическим тензором? Изучение метрико -аффинного многообразия показывает, почему всё работает хорошо в римановом многообразии и что меняется в общем случае. К какого рода различные физические явления являются следствием различных связностей? Физические ограничения, которые появляются в модели, могут вести к появлению неметричности [5, 8, 9]. Так как перенос Картана - естественный механизм сохранения ортогональности, мы ожидаем, что мы будем интерпретировать отклонение пробной частицы от экстремальной кривой как результат силы, внешней по отношению к этой частице[1.1]. В этом случае различие между двумя типами переноса становится измеримым и осмысленным. В противном случае другой тип переноса и

[1.1] Например, если мы распространим определение (6.1.2) силы на общий случай (6.1.1), мы можем интерпретировать отклонение заряжённой частицы в электромагнитном поле как результат силы

$$F^j = \frac{e}{cu^0} g^{ij} F_{li} u^l$$

неметричность не наблюдаемы и мы можем пользоваться только переносом, совместимым с метрикой.

Я вижу ещё одну возможность. Как следует из статьи [8], кручение может зависеть от квантовых свойств материи. Тем не менее, кручение является частью связности. Следовательно, связность может также зависеть от квантовых свойств материи. Это может привести к нарушению переноса Картана. Однако эта возможность требует дополнительного исследования.

Аналогично, мы можем интерпретировать отклонение автопараллельной кривой как силу

$$F^i = -\frac{mc}{u^0}\Gamma(C)^i_{kl}u^k u^l$$

Я напоминаю, что символ Картана - тензор

Глава 2

Представление группы

2.1. Представление группы

Определение 2.1.1. Мы будем называть отображение

$$t : M \to M$$

невырожденным преобразованием, если существует обратное отображение. □

Определение 2.1.2. Преобразование называется **левосторонним преобразованием** если оно действует слева

$$u' = tu$$

Мы будем обозначать $l(M)$ множество левосторонних невырожденных преобразований множества M. □

Определение 2.1.3. Преобразование называется **правосторонним преобразованием** если оно действует справа

$$u' = ut$$

Мы будем обозначать $r(M)$ множество правосторонних невырожденных преобразований множества M. □

Мы будем обозначать δ тождественное преобразование.

Определение 2.1.4. Пусть $l(M)$ - группа и δ - единица группы $l(M)$. Пусть G - группа. Мы будем называть гомоморфизм групп

$$f : G \to l(M)$$

левосторонним ковариантным представлением группы[2.1] G в множестве M, если отображение f удовлетворяет условиям

$$f(ab)u = f(a)(f(b)u) \tag{2.1.1}$$

□

Определение 2.1.5. Пусть $l(M)$ - группа и δ - единица группы $l(M)$. Пусть G - группа. Мы будем называть антигомоморфизм групп

$$f : G \to l(M)$$

левосторонним контравариантным представлением группы G в множестве M, если отображение f удовлетворяет условиям

$$f(ba)u = f(a)(f(b)u) \tag{2.1.2}$$

□

[2.1]Теория представления групп является частным случаем теории представления универсальной алгебры [14].

Определение 2.1.6. Пусть $r(M)$ - группа и δ - единица группы $r(M)$. Пусть G - группа. Мы будем называть отображение

$$f : G \to r(M)$$

правосторонним ковариантным представлением группы G в множестве M, если отображение f удовлетворяет условиям

$$uf(ab) = (uf(a))f(b) \tag{2.1.3}$$

□

Определение 2.1.7. Пусть $r(M)$ - группа и δ - единица группы $r(M)$. Пусть G - группа. Мы будем называть антигомоморфизмом групп

$$f : G \to r(M)$$

правосторонним контравариантным представлением группы G в множестве M, если отображение f удовлетворяет условиям

$$uf(ab) = (uf(a))f(b) \tag{2.1.4}$$

□

Любое утверждение, справедливое для левостороннего представления группы, будет справедливо для правостороннего представления. Поэтому мы будем пользоваться общим термином **представление группы** и будем пользоваться обозначениями для левостороннего представления в тех случаях, когда это не вызывает недоразумения.

Теорема 2.1.8. *Для любого* $g \in G$

$$f(g^{-1}) = f(g)^{-1} \tag{2.1.5}$$

Доказательство. На основании (2.1.1) и

$$f(e) = \delta \tag{2.1.6}$$

мы можем записать

$$u = \delta u = f(gg^{-1})u = f(g)(f(g^{-1})u)$$

Это завершает доказательство. □

Пример 2.1.9. Групповая операция определяет два различных представления на группе: **левый сдвиг**, который мы определяем равенством

$$b' = L(a)b = ab \tag{2.1.7}$$

и **правый сдвиг**, который мы определяем равенством

$$b' = R(a)b = ba \tag{2.1.8}$$

□

Теорема 2.1.10. *Пусть представление*

$$u' = f(a)u$$

является ковариантным представлением. Тогда представление

$$u' = h(a)u = f(a^{-1})u$$

является контравариантным представлением.

Доказательство. Утверждение следует из цепочки равенств

$$h(ab) = f((ab)^{-1}) = f(b^{-1}a^{-1}) = f(b^{-1})f(a^{-1}) = h(b)h(a)$$

□

Определение 2.1.11. Пусть f - представление группы G в множестве M. Для любого $v\in M$ мы определим **орбиту представления группы** G как множество

$$\mathcal{O}(v,g\in G,f(g)v)=\{w=f(g)v:g\in G\}$$

□

Так как $f(e)=\delta$, то $v\in\mathcal{O}(v,g\in G,f(g)v)$.

Теорема 2.1.12. *Если*

$$v\in\mathcal{O}(u,g\in G,f(g)u)\tag{2.1.9}$$

то

$$\mathcal{O}(u,g\in G,f(g)u)=\mathcal{O}(v,g\in G,f(g)v)$$

Доказательство. Из (2.1.9) следует существование $a\in G$ такого, что

$$v=f(a)u\tag{2.1.10}$$

Если $w\in\mathcal{O}(v,g\in G,f(g)v)$, то существует $b\in G$ такой, что

$$w=f(b)v\tag{2.1.11}$$

Подставив (2.1.10) в (2.1.11), мы получим

$$w=f(b)(f(a)u)\tag{2.1.12}$$

На основании (2.1.1) из (2.1.12) следует, что $w\in\mathcal{O}(u,g\in G,f(g)u)$. Таким образом,

$$\mathcal{O}(v,g\in G,f(g)v)\subseteq\mathcal{O}(u,g\in G,f(g)u)$$

На основании (2.1.5) из (2.1.10) следует, что

$$u=f(a)^{-1}v=f(a^{-1})v\tag{2.1.13}$$

Равенство (2.1.13) означает, что $u\in\mathcal{O}(v,g\in G,f(g)v)$ и, следовательно,

$$\mathcal{O}(u,g\in G,f(g)u)\subseteq\mathcal{O}(v,g\in G,f(g)v)$$

Это завершает доказательство. □

Теорема 2.1.13. *Если определены представление f_1 группы G в множестве M_1 и представление f_2 группы G в множестве M_2, то мы можем определить* **прямое произведение представлений f_1 и f_2 группы**

$$f=f_1\otimes f_2:G\to M_1\otimes M_2$$
$$f(g)=(f_1(g),f_2(g))$$

Доказательство. Чтобы показать, что f является представлением, достаточно показать, что f удовлетворяет определению 2.1.4.

$$f(e)=(f_1(e),f_2(e))=(\delta_1,\delta_2)=\delta$$

$$\begin{aligned}f(ab)u&=(f_1(ab)u_1,f_2(ab)u_2)\\&=(f_1(a)(f_1(b)u_1),f_2(a)(f_2(b)u_2))\\&=f(a)(f_1(b)u_1,f_2(b)u_2)\\&=f(a)(f(b)u)\end{aligned}$$

□

2.2. Однотранзитивное представление

Определение 2.2.1. Мы будем называть **ядром неэффективности представления группы** G множество

$$K_f = \{g \in G : f(g) = \delta\}$$

Если $K_f = \{e\}$, мы будем называть представление группы G **эффективным**. □

Теорема 2.2.2. *Ядро неэффективности - это подгруппа группы G.*

Доказательство. Допустим $f(a_1) = \delta$ и $f(a_2) = \delta$. Тогда

$$f(a_1 a_2)u = f(a_1)(f(a_2)u) = u$$
$$f(a^{-1}) = f^{-1}(a) = \delta$$

□

Если действие не эффективно, мы можем перейти к эффективному, заменив группой $G_1 = G|K_f$, пользуясь факторизацией по ядру неэффективности. Это означает, что мы можем изучать только эффективное действие.

Определение 2.2.3. Мы будем называть представление группы **транзитивным**, если для любых $a, b \in V$ существует такое g, что

$$a = f(g)b$$

Мы будем называть представление группы **однотранзитивным**, если оно транзитивно и эффективно. □

Теорема 2.2.4. *Представление однотранзитивно тогда и только тогда, когда для любых $a, b \in V$ существует одно и только одно $g \in G$ такое, что $a = f(g)b$*

Определение 2.2.5. Мы будем называть пространство V **однородным пространством группы** G, если мы имеем однотранзитивное представление группы G на V. □

Теорема 2.2.6. *Если мы определим однотранзитивное представление f группы G на многообразии A, то мы можем однозначно определить координаты на A, пользуясь координатами на группе G.*

Если f - ковариантное представление, то $f(a)$ эквивалентно левому сдвигу $L(a)$ на группе G. Если f = контравариантное представление, то $f(a)$ эквивалентно правому сдвигу $R(a)$ на группе G.

Доказательство. Мы выберем точку $v \in A$ и определим координаты точки $w \in A$ как координаты преобразования a такого, что $w = f(a)v$. Координаты, определённые таким образом, однозначны с точностью до выбора начальной точки $v \in A$, так как действие эффективно.

Если f - ковариантное представление, мы будем пользоваться записью

$$f(a)v = av$$

Так как запись

$$f(a)(f(b)v) = a(bv) = (ab)v = f(ab)v$$

совместима с групповой структурой, мы видим, что ковариантное представление f эквивалентно левому сдвигу.

Если f - контравариантное представление, мы будем пользоваться записью

$$f(a)v = va$$

Так как запись

$$f(a)(f(b)v) = (vb)a = v(ba) = f(ba)v$$

совместима с групповой структурой, мы видим, что контравариантное представление f эквивалентно правому сдвигу. □

Теорема 2.2.7. *Левый и правый сдвиги на группе G перестановочны.*

Доказательство. Это следствие ассоциативности группы G

$$(L(a)R(b))c = a(cb) = (ac)b = (R(b)L(a))c$$

□

Теорема 2.2.8. *Если мы определили однотранзитивное представление f на многообразии A, то мы можем однозначно определить однотранзитивное представление h такое, что диаграмма*

$$\begin{CD} M @>h(a)>> M \\ @V{f(b)}VV @VV{f(b)}V \\ M @>>h(a)> M \end{CD}$$

коммутативна для любых a, $b \in G$.[2.2]

Доказательство. Мы будем пользоваться групповыми координатами для точек $v \in A$. Для простоты мы предположим, что f - ковариантное представление. Тогда согласно теореме 2.2.6 мы можем записать левый сдвиг $L(a)$ вместо преобразования $f(a)$.

Пусть точки $v_0, v \in A$. Тогда мы можем найти одно и только одно $a \in G$ такое, что

$$v = v_0 a = R(a)v_0$$

Мы предположим

$$h(a) = R(a)$$

Существует $b \in G$ такое, что

$$w_0 = f(b)v_0 = L(b)v_0 \qquad w = f(b)v = L(b)v$$

Согласно теореме 2.2.7 диаграмма

$$\begin{CD} v_0 @>h(a)=R(a)>> v \\ @V{f(b)=L(b)}VV @VV{f(b)=L(b)}V \\ w_0 @>>h(a)=R(a)> w \end{CD} \tag{2.2.1}$$

коммутативна.

Изменяя b мы получим, что w_0 - это произвольная точка, принадлежащая A.

Мы видим из диаграммы, что, если $v_0 = v$, то $w_0 = w$ и следовательно $h(e) = \delta$. С другой стороны, если $v_0 \neq v$, то $w_0 \neq w$ потому, что представление f однотранзитивно. Следовательно представление h эффективно.

Таким же образам мы можем показать, что для данного w_0 мы можем найти a такое, что $w = h(a)w_0$. Следовательно представление однотранзитивно.

В общем случае, представление f не коммутативно и следовательно представление h отлично от представления f. Таким же образом мы можем создать представление f, пользуясь представлением h. □

Замечание 2.2.9. Очевидно, что преобразования $L(a)$ и $R(a)$ отличаются, если группа G неабелева. Тем не менее, они являются отображениями на. Теорема 2.2.8 утверждает, что, если оба представления правого и левого сдвига существуют на многообразии A, то мы можем определить два перестановочных представления на многообразии A. Только левый или правый сдвиг не может представлять оба типа представления. Чтобы понять

[2.2]Теорема 2.2.8 на самом деле очень интересна. Тем не менее её смысл становится более ясным, когда мы приложим эту теорему к многообразию базисов, смотри раздел 3.1.

почему это так, мы можем изменить диаграмму (2.2.1) и предположить $h(a)v_0 = L(a)v_0 = v$ вместо $h(a)v_0 = R(a)v_0 = v$ и проанализировать, какое выражение $h(a)$ имеет в точке w_0. Диаграмма

$$\begin{array}{ccc} v_0 & \xrightarrow{h(a)=L(a)} & v \\ \Big\downarrow{\scriptstyle f(b)=L(b)} & & \Big\downarrow{\scriptstyle f(b)=L(b)} \\ w_0 & \xrightarrow[h(a)]{} & w \end{array}$$

эквивалентна диаграмме

$$\begin{array}{ccc} v_0 & \xrightarrow{h(a)=L(a)} & v \\ \Big\uparrow{\scriptstyle f^{-1}(b)=L(b^{-1})} & & \Big\downarrow{\scriptstyle f(b)=L(b)} \\ w_0 & \xrightarrow[h(a)]{} & w \end{array}$$

и мы имеем $w = bv = bav_0 = bab^{-1}w_0$. Следовательно

$$h(a)w_0 = (bab^{-1})w_0$$

Мы видим, что представление h зависит от его аргумента. □

2.3. Линейное представление

Если на множестве M определена дополнительная структура, мы предъявляем к представлению группы дополнительные требования.

Если на множестве M определено понятие непрерывности, то мы полагаем, что преобразование

$$u' = f(a)u$$

непрерывно по u и, следовательно,

$$\left|\frac{\partial u'}{\partial u}\right| \neq 0$$

Если M - группа, то большое значение имеют представления левых и правых сдвигов.

Определение 2.3.1. Пусть M - векторное пространство $\mathcal{V}$ над полем F. Мы будем называть представление группы G в векторном пространстве $\mathcal{V}$ **линейным представлением**, если $f(a)$ - гомоморфизм пространства $\mathcal{V}$ для любого $a \in G$. □

Замечание 2.3.2. Допустим, преобразование $f(a)$ является линейным однородным преобразованием. $f_\gamma^\beta(a)$ являются элементами матрицы преобразования. Мы обычно полагаем, что нижний индекс перечисляет строки в матрице и верхний индекс перечисляет столбцы.

Согласно закону умножения матриц мы можем представить координаты вектора как строку матрицы. Мы будем называть такой вектор **вектор-строкой**. Мы можем так же рассматривать вектор, координаты которого формируют столбец матрицы и будем называть такой вектор **вектор-столбцом**.

Левостороннее линейное представление в пространстве вектор-столбцов

$$u' = f(a)u \quad u'_\alpha = f_\alpha^\beta(a)u_\beta \quad a \in G$$

является ковариантным представлением

$$u''_\gamma = f_\gamma^\beta(ba)u_\beta = f_\gamma^\alpha(b)(f_\alpha^\beta(a)u_\beta) = (f_\gamma^\alpha(b)f_\alpha^\beta(a))u_\beta$$

Левостороннее линейное представление в пространстве вектор-строк

$$u' = f(a)u \quad u'^\alpha = f_\beta^\alpha(a)u^\beta \quad a \in G$$

является контравариантным представлением

$$u''^{\gamma} = f^{\gamma}_{\beta}(ba)u^{\beta} = f^{\gamma}_{\alpha}(b)(f^{\alpha}_{\beta}(a)u^{\beta}) = (f^{\alpha}_{\beta}(a)f^{\gamma}_{\alpha}(b))u^{\beta}$$

Правостороннее линейное представление в пространстве вектор-столбцов

$$u' = uf(a) \qquad u'_{\alpha} = u_{\beta}f^{\beta}_{\alpha}(a) \qquad a \in G$$

является контравариантным представлением

$$u''_{\gamma} = u_{\beta}f^{\beta}_{\gamma}(ab) = (u_{\beta}f^{\beta}_{\alpha}(a))f^{\alpha}_{\gamma}(b) = u_{\beta}(f^{\alpha}_{\gamma}(b)f^{\beta}_{\alpha}(a))$$

Правостороннее линейное представление в пространстве вектор-строк

$$u' = uf(a) \qquad u'^{\alpha} = u^{\beta}f^{\alpha}_{\beta}(a) \qquad a \in G$$

является ковариантным представлением

$$u''^{\gamma} = u^{\beta}f^{\gamma}_{\beta}(ab) = (u^{\beta}f^{\alpha}_{\beta}(a))f^{\gamma}_{\alpha}(b) = u^{\beta}(f^{\alpha}_{\beta}(a)f^{\gamma}_{\alpha}(b))$$

□

Замечание 2.3.3. При изучении линейного представления мы явно будем пользоваться тензорной записью. Мы можем пользоваться только верхним индексом и записью $u^{\cdot}{}_{\alpha}$ вместо u_{α}. Тогда мы можем записать преобразование этого объекта в виде

$$u'^{\cdot}{}_{\alpha} = f^{\cdot}{}_{\alpha}{}^{\beta}{}_{\cdot}u^{\cdot}{}_{\beta}$$

Таким образом мы можем спрятать различие между ковариантным и контравариантным представлениями. Эта сходство идёт сколь угодно далеко. □

Глава 3

Многообразие базисов

3.1. Базис в векторном пространстве

Пусть мы имеем векторное пространство $\mathcal{V}$ и контравариантное правостороннее эффективное линейное представление группы $G = G(\mathcal{V})$. Мы обычно будем называть группу $G(\mathcal{V})$ **группой симметрии**. Не нарушая общности, мы будем отождествлять элемент g группы G с соответствующим преобразованием представления и записывать его действие на вектор $v \in \mathcal{V}$ в виде vg.

Эта точка зрения позволяет определить два типа координат для элемента g группы G. Мы можем либо пользоваться координатами, определёнными на группе, либо определить координаты как элементы матрицы соответствующего преобразования. Первая форма координат более эффективна, когда мы изучаем свойства группы G. Вторая форма координат содержит избыточную информацию, но бывает более удобна, когда мы изучаем представление группы G. Мы будем называть вторую форму координат **координатами представления**.

Мы будем называть максимальное множество линейно независимых векторов $\overline{\overline{e}} =< e_{(i)} >$ **базисом**. В том случае, когда мы хотим явно указать, что это базис пространства $\mathcal{V}$, мы будем пользоваться обозначением $\overline{\overline{e}}_{\mathcal{V}}$.

Любой гомоморфизм векторного пространства отображает один базис в другой. Таким образом, мы можем распространить ковариантное представление группы симметрии на множество базисов. Мы будем записывать действие элемента g группы G на базис $\overline{\overline{e}}$ в виде $R(g)\overline{\overline{e}}$. Тем не менее, не всякие два базиса могут быть связаны преобразованием группы симметрии потому, что не всякое невырожденное линейное преобразование принадлежит представлению группы G. Таким образом, множество базисов можно представить как объединение орбит группы G.

Свойства базиса зависят от группы симметрии. Мы можем выбрать базисы $\overline{\overline{e}}$, векторы которых находятся в отношении, которое инвариантно относительно группы симметрии. В этом случае все базисы из орбиты $\mathcal{O}(\overline{\overline{e}}, g \in G, R(g)\overline{\overline{e}})$ имеют векторы, которые удовлетворяют одному и тому же отношению. Такой базис мы будем называть **G-базисом**. В каждом конкретном случае мы должны доказать существование базиса с искомыми свойствами. Если подобного типа базиса не существует, мы можем выбрать произвольный базис.

Определение 3.1.1. Мы будем называть орбиту $\mathcal{O}(\overline{\overline{e}}, g \in G, R(g)\overline{\overline{e}})$ выбранного базиса $\overline{\overline{e}}$ **многообразием базисов $\mathcal{B}(\mathcal{V})$ векторного пространства $\mathcal{V}$**. □

Теорема 3.1.2. *Представление группы G на многообразии базисов однотранзитивно.*

Доказательство. Согласно определению 3.1.1 любые два базиса связаны по крайней мере одним преобразованием представления. Для доказательства теоремы достаточно показать, что это преобразование определено однозначно.

Допустим элементы g_1, g_2 группы G и базис $\overline{\overline{e}}$ таковы, что

$$R_{g_1}\overline{\overline{e}} = R_{g_2}\overline{\overline{e}} \tag{3.1.1}$$

Из (3.1.1) следует

$$R_{g_2^{-1}}R_{g_1}\overline{\overline{e}} = R_{g_1 g_2^{-1}}\overline{\overline{e}} = \overline{\overline{e}} \tag{3.1.2}$$

Так как любой вектор имеет единственное разложение относительно базиса $\overline{\overline{e}}$, то из (3.1.2) следует, что $R_{g_1g_2^{-1}}$ тождественное преобразование векторного пространства $\mathcal{V}$. Так как представление группы G эффективно на векторном пространстве $\mathcal{V}$, то $g_1 = g_2$. Отсюда следует утверждение теоремы. □

Из теоремы 3.1.2 следует, что многообразие базисов $\mathcal{B}(\mathcal{V})$ является однородным пространством группы G. Мы построили контравариантное правостороннее однотранзитивное линейное представление группы G на многообразии базисов. Мы будем называть это представление **активным представлением**, а соответствующее преобразование на многообразие базисов **активным преобразованием** ([13]) потому, что гомоморфизм векторного пространства породил это преобразование.

Согласно теореме 2.2.6, так как многообразие базисов $\mathcal{B}(\mathcal{V})$ - однородное пространство группы G, мы можем определить на $\mathcal{B}(\mathcal{V})$ две формы координат, определённые на группе G. В обоих случаях координаты базиса $\overline{\overline{e}}$ - это координаты гомоморфизма, отображающего заданный базис $\overline{\overline{e}}_0$ в базис $\overline{\overline{e}}$. Координаты представления называются **стандартными координатами базиса**. Нетрудно показать, что стандартные координаты e_k^i базиса $\overline{\overline{e}}$ при заданном значении k являются координатами вектора $\overline{e}_k \in \overline{\overline{e}}$ относительно заданного базиса $\overline{\overline{e}}_0$.

Базис $\overline{\overline{e}}$ порождает координаты на $\mathcal{V}$. В различных типах пространства это может быть сделано различным образом. В аффинном пространстве, если вершина базиса является точкой A, то точка B имеет те же координаты, что и вектор $\overrightarrow{AB}$ относительно базиса $\overline{\overline{e}}$. В общем случае мы вводим координаты вектора как координаты относительно выбранного базиса. Использование только G-пространства означает использование специальных координаты на $\mathcal{A}_n$. Для того, чтобы отличать их, мы будем называть их **G-координатами**. Мы также будем называть пространство $\mathcal{V}$ с такими координатами **G-пространством**.

Согласно теореме 2.2.8, на многообразии базисов существует другое представление, перестановочное с пассивным. Как мы видим из замечания 2.2.9 преобразование этого представления отличается от пассивного преобразования и не может быть сведено к преобразованию пространства $\mathcal{V}$. Чтобы подчеркнуть различие, это преобразование называется **пассивным преобразованием** векторного пространства $\mathcal{V}$, а представление называется **пассивным представлением**. Мы будем записывать пассивное преобразование базиса $\overline{\overline{e}}$, порождённое элементом $g \in G$, в виде $L(g)\overline{\overline{e}}$.

3.2. Базис в аффинном пространстве

Мы отождествляем векторы аффинного пространства $\mathcal{A}_n$ с парой точек $\overrightarrow{AB}$. Все векторы, которые имеют общее начало A порождают векторное пространство, которое мы будем называть касательным векторным пространством $T_A\mathcal{A}_n$.

Топология, которую $\mathcal{A}_n$ наследует из отображения $\mathcal{A}_n \to R^n$, позволяет нам изучать непрерывные преобразования пространства $\mathcal{A}_n$ и их производные. Более точно, производная преобразования f отображает векторное пространство $T_A\mathcal{A}_n$ в $T_{f(A)}\mathcal{A}_n$. Если f линейно, то его производная одна и та же в каждой точке. Вводя координаты $A^1, ..., A^n$ точки $A \in \mathcal{A}_n$, мы можем записать линейное преобразование как

$$A'^i = P^i_j A^j + R^i \qquad \det P \neq 0 \tag{3.2.1}$$

Производная этого преобразования определена матрицей $\|P^i_j\|$ и не зависит от точки A. Вектор $(R^1, ..., R^n)$ выражает смещение в аффинном пространстве. Множество преобразований (3.2.1) - это группа Ли, которую мы обозначим $GL(\mathcal{A}_n)$ и будем называть **группой аффинных преобразований**.

Определение 3.2.1. **Аффинный базис** $\overline{\overline{e}} = < O, \overline{e}_i >$ - это множество линейно независимых векторов $\overline{e}_i = \overrightarrow{OA}_i = (e^1_i, ..., e^n_i)$ с общей начальной точкой $O = (O^1, ..., O^n)$. □

Определение 3.2.2. **Многообразие базисов** $\mathcal{B}(\mathcal{A}_n)$ **аффинного пространства** - это множество базисов этого пространства. □

Мы будем называть активное преобразование **аффинным преобразованием**. Мы будем называть пассивное преобразование **квазиаффинным преобразованием**.

Если мы не заботимся о начальной точке вектора, мы получим несколько отличный тип пространства, которое мы будем называть центро-аффинным пространством $\mathcal{CA}_n$. В центро-аффинном пространстве мы можем идентифицировать все касательные пространства и обозначить их $T\mathcal{CA}_n$. Если мы предположим, что начальная точка вектора - это начало O координатной системы в пространстве, то мы можем отождествить любую точку $A \in \mathcal{CA}_n$ с вектором $a = \overrightarrow{OA}$. Это ведёт к идентификации $\mathcal{CA}_n$ и $T\mathcal{CA}_n$. Теперь преобразование - это просто отображение

$$a'^i = P^i_j a^j \qquad \det P \neq 0$$

и такие преобразования порождают группу Ли GL_n.

Определение 3.2.3. **Центро-аффинный базис** $\overline{\overline{e}} =< \overline{e}_i >$ - это множество линейно независимых векторов $\overline{e}_i = (e^1_i, ..., e^n_i)$. □

Определение 3.2.4. **Многообразие базисов** $\mathcal{B}(\mathcal{CA}_n)$ **центро-аффинного пространства** - это множество базисов этого пространства. □

3.3. Базис в евклидовом пространстве

Когда мы определяем метрику в центро-аффинном пространстве, мы получаем новую геометрию потому, что мы можем измерять расстояние и длину вектора. Если метрика положительно определена, мы будем называть пространство евклидовым $\mathcal{E}_n$, в противном случае мы будем называть пространство псевдоевклидовым $\mathcal{E}_{nm}$.

Преобразования, которые сохраняют длину, образуют группу Ли $SO(n)$ для евклидова пространства и группу Ли $SO(n, m)$ для псевдоэвклидова пространства, где n и m числа положительных и отрицательных слагаемых в метрике.

Определение 3.3.1. **Ортонормированный базис** $\overline{\overline{e}} =< \overline{e}_i >$ - это множество линейно независимых векторов $\overline{e}_i = (e^1_i, ..., e^n_i)$ таких, что длина каждого вектора равна 1 и различные векторы ортогональны. □

Существование ортогонального базиса доказывается с помощью процесса ортогонализации Грама–Шмидта.

Определение 3.3.2. **Многообразие базисов** $\mathcal{B}(\mathcal{E}_n)$ **евклидова пространства** - это множество ортонормированных базисов этого пространства. □

Мы будем называть активное преобразование **движением**. Мы будем называть пассивное преобразование **квазидвижением**.

3.4. Геометрический объект

Активное преобразование изменяет базисы и векторы согласовано и координаты вектора относительно базиса не меняются. Пассивное преобразование меняет только базис, и это ведёт к изменению координат вектора относительно базиса.

Допустим пассивное преобразование $L(a) \in G$, заданное матрицей (a^i_j), отображает базис $\overline{\overline{e}} =< e_i >\in \mathcal{B}(\mathcal{V})$ в базис $\overline{\overline{e}}' =< e'_i >\in \mathcal{B}(\mathcal{V})$

$$e'_j = a^i_j e_i \tag{3.4.1}$$

Допустим вектор $v \in \mathcal{V}$ имеет разложение

$$v = v^i e_i \tag{3.4.2}$$

относительно базиса $\overline{\overline{e}}$ и имеет разложение

$$v = v'^i e'_i \tag{3.4.3}$$

относительно базиса $\overline{\overline{e}}'$. Из (3.4.1) и (3.4.3) следует, что

$$v = v'^j a^i_j e_i \tag{3.4.4}$$

Сравнивая (3.4.2) и (3.4.4) получаем, что

$$v^i = v'^j a^i_j \tag{3.4.5}$$

Так как a^i_j - невырожденная матрица, то из (3.4.5) следует

$$v'^i = v^j {a^{-1}}^i_j \tag{3.4.6}$$

Преобразование координат (3.4.6) не зависит от вектора v или базиса $\overline{\overline{e}}$, а определенно исключительно координатами вектора v относительно базиса $\overline{\overline{e}}$.

Если мы фиксируем базис $\overline{\overline{e}}$, то множество координат (v^i) относительно этого базиса порождает векторное пространство $\tilde{\mathcal{V}}$, изоморфное векторному пространству $\mathcal{V}$. Это векторное пространство называется **координатным векторным пространством**, а изоморфизм **координатным изоморфизмом**. Мы будем обозначать $\overline{\delta}_k = (\delta^i_k)$ образ вектора $e_k \in \overline{\overline{e}}$ при этом изоморфизме.

Теорема 3.4.1. *Преобразования координат (3.4.6) порождают контравариантное правостороннее эффективное линейное представление группы G, называемое* **координатным представлением**.

Доказательство. Допустим мы имеем два последовательных пассивных преобразования $L(a)$ и $L(b)$. Преобразование координат (3.4.6) соответствует пассивному преобразованию $L(a)$. Преобразование координат

$$v''^k = v'^i {b^{-1}}^k_i \tag{3.4.7}$$

соответствует пассивному преобразованию $L(b)$. Произведение преобразований координат (3.4.6) и (3.4.7) имеет вид

$$v''^k = v^j {a^{-1}}^i_j {b^{-1}}^k_i = v^j {(ba)^{-1}}^k_j \tag{3.4.8}$$

и является координатным преобразованием, соответствующим пассивному преобразованию L_{ba}. Это доказывает, что преобразования координат порождают контравариантное правостороннее линейное представление группы G.

Если координатное преобразование не изменяет векторы δ_k, то ему соответствует единица группы G, так как пассивное представление однотранзитивно. Следовательно, координатное представление эффективно. □

Предположим, что гомоморфизм группы G в группу пассивных преобразований векторного пространства $\mathcal{W}$ согласован с группой симметрий векторного пространства $\mathcal{V}$. Это означает, что пассивному преобразованию $L(a)$ векторного пространства $\mathcal{V}$ соответствует пассивное преобразование $L(a)$ векторного пространства $\mathcal{W}$.

$$E'_\alpha = A^\beta_\alpha(a) E_\beta \tag{3.4.9}$$

Тогда координатное преобразование в $\mathcal{W}$ принимает вид

$$w'^\alpha = w^\beta A(a^{-1})^\alpha_\beta = w^\beta {A(a)^{-1}}^\alpha_\beta \tag{3.4.10}$$

Определение 3.4.2. Мы будем называть орбиту

$$\mathcal{O}((w, \overline{\overline{e}}_{\mathcal{V}}), a \in G, (wA(a)^{-1}, L(a)\overline{\overline{e}}_{\mathcal{V}}))$$

геометрическим объектом в координатном представлении, определённым в векторном пространстве $\mathcal{V}$. Для любого базиса $\overline{\overline{e}}'_{\mathcal{V}} = L(a)\overline{\overline{e}}_{\mathcal{V}}$ соответствующая точка (3.4.10) орбиты определяет **координаты геометрического объекта** относительно базиса $\overline{\overline{e}}'_{\mathcal{V}}$. □

Определение 3.4.3. Мы будем называть орбиту

$$\mathcal{O}((w, \overline{\overline{e}}_{\mathcal{W}}, \overline{\overline{e}}_{\mathcal{V}}), a \in G, (wA(a)^{-1}, L(a)\overline{\overline{e}}_{\mathcal{W}}, L(a)\overline{\overline{e}}_{\mathcal{V}}))$$

геометрическим объектом, определённым в векторном пространстве $\mathcal{V}$. Для любого базиса $\overline{\overline{e}}'_{\mathcal{V}} = L(a)\overline{\overline{e}}_{\mathcal{V}}$ соответствующая точка (3.4.10) орбиты определяет **координаты геометрического объекта** относительно базиса $\overline{\overline{e}}'_{\mathcal{V}}$ и соответствующий вектор

$$w = w'^{\alpha} E'_{\alpha}$$

называется **представителем геометрического объекта** в базисе $\overline{\overline{e}}'_{\mathcal{V}}$. □

Мы будем также говорить, что w - это **геометрический объект типа** A

Так как геометрический объект - это орбита представления, то согласно теореме 2.1.12 определение геометрического объекта корректно.

Определение 3.4.2 строит геометрический объект в координатном пространстве. Определение 3.4.3 предполагает, что мы выбрали базис в векторном пространстве $\mathcal{W}$. Это позволяет использовать вместо его координат.

Теорема 3.4.4 (**принцип инвариантности**). *Представитель геометрического объекта не зависит от выбора базиса* $\overline{\overline{e}}'_{\mathcal{V}}$.

Доказательство. Для того, чтобы представитель геометрического объекта был определён, мы должны выбрать базис $\overline{\overline{e}}_{\mathcal{V}}$, базис $\overline{\overline{e}}_{\mathcal{W}} = (E_{\alpha})$ и координаты геометрического объекта w^{α}. Соответствующий представитель геометрического объекта имеет вид

$$w = w^{\alpha} E_{\alpha}$$

Базис $\overline{\overline{e}}'_{\mathcal{V}}$ связан с базисом $\overline{\overline{e}}_{\mathcal{V}}$ пассивным преобразованием $L(a)$. Согласно построению это порождает пассивное преобразование (3.4.9) и координатное преобразование (3.4.10). Соответствующий представитель геометрического объекта имеет вид

$$w' = w'^{\alpha} E'_{\alpha} = w^{\beta} A(a)^{-1}{}^{\alpha}_{\beta} A^{\gamma}_{\alpha}(a) E_{\gamma} = w'^{\beta} E'_{\beta} = w$$

Следовательно, представитель геометрического объекта инвариантен относительно выбора базиса. □

Определение 3.4.5. Пусть

$$w_1 = w_1^{\alpha} E_{\alpha}$$
$$w_2 = w_2^{\alpha} E_{\alpha}$$

геометрические объекты одного и того же типа, определённым в векторном пространстве $\mathcal{V}$. Геометрический объект

$$w = (w_1^{\alpha} + w_2^{\alpha}) E_{\alpha}$$

называется **суммой**

$$w = w_1 + w_2$$

геометрических объектов w_1 и w_2. □

Определение 3.4.6. Пусть

$$w_2 = w_2^{\alpha} E_{\alpha}$$

геометрический объект, определённый в векторном пространстве $\mathcal{V}$ над полем F. Геометрический объект

$$w_2 = (k w_1^{\alpha}) E_{\alpha}$$

называется **произведением**

$$w_2 = k w_1$$

геометрического объекта w_1 **и константы** $k \in F$. □

Теорема 3.4.7. *Геометрические объекты типа* A*, определённые в векторном пространстве* $\mathcal{V}$ *над полем* F*, образуют векторное пространство над полем* F.

Доказательство. Утверждение теоремы следует из непосредственной проверки свойств векторного пространства. □

Глава 4

Система отсчёта в пространстве событий

4.1. Система отсчёта на многообразии

Мы показали в разделе 3.1, что многообразие базисов векторного пространства можно отождествить с группой симметрий этого пространства. Нас не интересовали детали строения репера, и изложенная теория может быть обобщена и перенесена на произвольное многообразие. В этом разделе мы обобщаем определение базиса и определяем систему отсчёта на многообразии.[4.1] В случае пространства событий общей теории относительности это ведёт нас к естественному определению $O(3,1)$-системы отсчёта и преобразования Лоренца.[4.2] Мы предполагаем, что касательное пространство к рассматриваемому многообразию является векторным пространством $\mathcal{V}$ конечной размерности n.

Определение 4.1.1. Множество векторных полей $e_{(i)}$, $i=1,...,n$, порождает **G-систему отсчёта** $\overline{\overline{e}} =< e_{(i)}, i=1,...,n >$ на многообразии $\mathcal{V}$, если для любого $x\in\mathcal{V}$ множество $\overline{\overline{e}}(x) =< e_{(i)}(x), i=1,...,n >$ является G-базисом[4.3] в касательном пространстве T_x.[4.4] Мы будем пользоваться обозначением $e_{(i)}\in\overline{\overline{e}}$, для векторных полей, порождающих G-систему отсчёта $\overline{\overline{e}}$. □

Мы также пользуемся записью $\overline{\overline{e}} = (e_{(k)}, e^{(k)})$ для представления системы отсчёта на многообразии, где мы задаём множество векторных полей $e_{(k)}$ и двойственных им форм $e^{(k)}$ таких, что в каждой точке

$$e^{(k)}(e_{(l)}) = \delta^{(k)}_{(l)} \tag{4.1.1}$$

Равенство (4.1.1) определяет формы $e^{(k)}$ однозначно.

В каждой точке многообразия мы также рассмотрим **координатную систему отсчёта** $\overline{\overline{\partial}} =< \partial_i >$, определённую векторными полями, касательными к линиям $x^i = const$. Мы также пользуемся представлением координатной системы отсчёта на многообразии в виде (∂_i, dx^i) где мы задаём множество векторных полей ∂_i и двойственных им форм dx^i таких, что в каждой точке

$$dx^k(\partial_l) = \delta^k_l \tag{4.1.2}$$

Теорема 4.1.2. *Системы отсчёта $\overline{\overline{e}}$ и $\overline{\overline{\partial}}$ связаны преобразованием*

$$e_{(i)} = e^k_{(i)}\partial_k \qquad \partial_k = e^{(i)}_k e_{(i)} \tag{4.1.3}$$

$$e^{(k)} = e^{(k)}_i dx^i \qquad dx^i = e^i_{(k)} e^{(k)} \tag{4.1.4}$$

где

$$e^k_{(i)} e^{(j)}_k = \delta^{(j)}_{(i)} \tag{4.1.5}$$

4.1 Смотри также определение системы отсчёта в разделе [15]-4.

4.2 Смотри определение преобразования Лоренца в разделе [15]-5.

4.3 Согласно разделу 3.1 мы можем отождествить базис $\overline{\overline{e}}(x)$ с элементом группы G.

4.4 Существование на многообразии G-системы отсчёта требует доказательства в каждом случае.

Доказательство. Векторное поле a имеет разложение относительно рассматриваемых систем отсчёта

$$a = a^i \partial_i = a^{(i)} e_{(i)} \tag{4.1.6}$$

где a^i - **голономные координаты** относительно координатной системы отсчёта $\overline{\overline{\partial}}$ и $a^{(i)}$ - **неголономные координаты** относительно системы отсчёта $\overline{\overline{e}}$.

Мы получаем равенство (4.1.3), если рассматриваем координаты векторного поля $e_{(i)}$ относительно системы отсчёта $\overline{\overline{\partial}}$ и координаты векторного поля ∂_k относительно системы отсчёта $\overline{\overline{e}}$. Так как векторы $e_{(i)}$ линейно независимы в каждой точке, матрица $\|e^k_{(i)}\|$ невырождена. Так как векторы ∂_k линейно независимы в каждой точке, матрица $\|e^{(i)}_k\|$ невырождена. Из равенств (4.1.3) следует, что

$$e_{(i)} = e^k_{(i)} \partial_k = e^k_{(i)} e^{(j)}_k e_{(j)} \tag{4.1.7}$$

Равенство (4.1.5) следует из равенства (4.1.7). Из равенств (4.1.3), (4.1.6) следует, что

$$a^k \partial_k = a^k e^{(i)}_k e_{(i)} = a^{(i)} e_{(i)} \tag{4.1.8}$$

Равенство

$$a^{(i)} = a^k e^{(i)}_k \tag{4.1.9}$$

следует из равенства (4.1.8). Равенство

$$e^{(k)}(a) = e^{(k)}(a^{(l)} e_{(l)}) = a^{(l)} e^{(k)}(e_{(l)}) = a^{(l)} \delta^{(k)}_{(l)} = a^{(k)} \tag{4.1.10}$$

следует из равенств (4.1.1), (4.1.6). Равенство

$$dx^k(a) = dx^k(a^l \partial_l) = a^l dx^k(\partial_l) = a^l \delta^k_l = a^k \tag{4.1.11}$$

следует из равенств (4.1.2), (4.1.6). Равенство (4.1.4) следует из равенств (4.1.9), (4.1.10), (4.1.11). □

4.2. Неголономные координаты

Мы определим форму связности в пространстве событий

$$\omega^a_b = \Gamma^a_{bc} dx^c \quad \omega = \Gamma dx \tag{4.2.1}$$

Параллельный перенос векторных полей не зависит от выбора координат и равенство (4.1.9) должно быть инвариантно относительно параллельного переноса. Из этого требования согласно расчётам в разделе [15]-6 следует, что мы можем рассматривать форму $e^{(k)}$ как дифференциал координаты $x^{(k)}$

$$dx^{(k)} = e^{(k)} = e^{(k)}_l dx^l$$

и векторное поле $e_{(k)}$ как операцию дифференцирования по координате $x^{(k)}$

$$\partial_{(k)} = \frac{\partial}{\partial x^{(k)}} = e^i_{(k)} \partial_i$$

В этом случае мы рассматриваем матрицу преобразования, отображающего систему отсчёта $\overline{\overline{\partial}}$ в систему отсчёта $\overline{\overline{e}}$ как матрицу Якоби преобразования координат x^i в координаты $x^{(k)}$

$$\frac{\partial x^{(i)}}{\partial x^k} = e^{(i)}_k \tag{4.2.2}$$

Дифференциал формы $dx^{(i)}$ имеет вид

$$d^2 x^{(i)} = -c^{(i)}_{(k)(l)} dx^{(k)} \wedge dx^{(l)} \tag{4.2.3}$$

где $c^{(i)}_{(k)(l)}$ **объект неголономности**

$$c^{(i)}_{(k)(l)} = e^k_{(k)} e^l_{(l)} \left(\frac{\partial e^{(i)}_k}{\partial x^l} - \frac{\partial e^{(i)}_l}{\partial x^k} \right) \tag{4.2.4}$$

Следовательно, необходимое и достаточное условие полной интегрируемости системы дифференциальных уравнений (4.2.2) - это равенство

$$c^{(i)}_{(k)(l)} = 0$$

Вообще говоря, система дифференциальных уравнений (4.2.2) не является вполне интегрируемой. Отображение $x^{(k)}$ называется **неголономной координатой**. Координата x^i называется голономной.

Хотя неголономные координаты нельзя построить в конечной области, мы можем однозначно определить их вдоль незамкнутой кривой.[4.5] Мы также рассматриваем неголономную координату $x^{(0)}$ как синхронизацию системы отсчёта. Начиная с этого места, мы не будем делать различия между голономными и неголономными координатами.

4.3. Метрико-аффинное многообразие

При выводе уравнений гравитационного поля ([10], §93, [11], §21.2), предполагается, что метрический тензор g^{ij} и связность Γ^k_{ij} независимы. Однако мы предполагаем симметричность метрического тензора и связности. При выводе уравнений гравитационного поля мы получаем связь

$$g^{ij}_{,k} + \Gamma^i_{pk} g^{pj} + \Gamma^j_{pk} g^{ip} = 0 \tag{4.3.1}$$

В квантовой механике измерение компонент метрического тензора и связности содержит ошибку. Если мы предположим, что связность не симметрична, то уравнение (4.3.1) может оказаться неверным.

Так как ковариантная производная метрического тензора может быть отлична от 0, мы вводим **неметричность**

$$\begin{aligned} -Q_{kij} = g_{ij;k} &= g_{ij,k} - \Gamma^p_{ik} g_{pj} - \Gamma^p_{jk} g_{pi} \\ &= g_{ij,k} - \Gamma^p_{ik} g_{pj} - \Gamma^p_{kj} g_{pi} - S^p_{jk} g_{pi} \end{aligned}$$

Перенесём производную g и кручение в левую часть.

$$g_{ij,k} + Q_{kij} - S^p_{jk} g_{pi} = \Gamma^p_{ik} g_{pj} + \Gamma^p_{kj} g_{pi} \tag{4.3.2}$$

Меняя порядок индексов, мы запишем ещё два уравнения

$$g_{jk,i} + Q_{ijk} - S^p_{ki} g_{pj} = \Gamma^p_{ji} g_{pk} + \Gamma^p_{ik} g_{pj} \tag{4.3.3}$$

$$g_{ki,j} + Q_{jki} - S^p_{ij} g_{pk} = \Gamma^p_{kj} g_{pi} + \Gamma^p_{ji} g_{pk} \tag{4.3.4}$$

Если мы вычтем равенство (4.3.2) из суммы равенств (4.3.3) и (4.3.2), то мы получим

$$g_{ki,j} + g_{jk,i} - g_{ij,k} + Q_{ijk} + Q_{jki} - Q_{kij} - S^p_{ij} g_{pk} - S^p_{ki} g_{pj} + S^p_{jk} g_{pi} = 2\Gamma^p_{ji} g_{pk}$$

Окончательно мы получаем

$$\Gamma^p_{ji} = \frac{1}{2} g^{pk} (g_{ki,j} + g_{jk,i} - g_{ij,k} + Q_{ijk} + Q_{jki} - Q_{kij} - S^r_{ij} g_{rk} - S^r_{ki} g_{rj} + S^r_{jk} g_{ri})$$

В случае связности (4.2.1) мы определим **форму кручение**

$$T^a = d^2 x^a + \omega^a_b \wedge dx^b \tag{4.3.5}$$

[4.5] Я описал построение неголономной системы координат в разделе [15]-6.

Из (4.2.1) следует

(4.3.6) $$\omega^a_b \wedge dx^b = (\Gamma^a_{bc} - \Gamma^a_{cb}) dx^c \wedge dx^b$$

Подставляя (4.3.6) и (4.2.3) в (4.3.5) мы получим

(4.3.7) $$T^a = T^a_{cb} dx^c \wedge dx^b = -c^a_{cb} dx^c \wedge dx^b + (\Gamma^a_{bc} - \Gamma^a_{cb}) dx^c \wedge dx^b$$

где мы определили **тензор кручение**

(4.3.8) $$T^a_{cb} = \Gamma^a_{bc} - \Gamma^a_{cb} - c^a_{cb}$$

Форма кривизны для связности (4.2.1) is

(4.3.9) $$\Omega^a_c = d\omega^a_c + \omega^a_b \wedge \omega^b_c$$

где мы определим объект кривизны

(4.3.10) $$R^a_{bij} = \partial_i \Gamma^a_{bj} - \partial_j \Gamma^a_{bi} + \Gamma^a_{ci} \Gamma^c_{bj} - \Gamma^a_{cj} \Gamma^c_{bi} + \Gamma^a_{bk} c^k_{ij}$$

Мы определим тензор Ричи

$$R_{bj} = R^a_{baj} = \partial_a \Gamma^a_{bj} - \partial_j \Gamma^a_{ba} + \Gamma^a_{ca} \Gamma^c_{bj} - \Gamma^a_{cj} \Gamma^c_{ba} + \Gamma^a_{bk} c^k_{aj}$$

Коммутатор вторых производных имеет вид

(4.3.11) $$\xi^a_{;cb} - \xi^a_{;bc} = R^a_{dbc} \xi^d - T^p_{bc} \xi^a_{;p}$$

Так как производная метрического тензора не равна 0, мы не можем поднимать или опускать индекс тензора внутри производной как мы это делаем в обычном римановом пространстве. Теперь эта операция принимает следующий вид

$$a^i_{;k} = g^{ij} a_{j;k} + g^{ij}_{;k} a_j$$

Это равенство для метрического тензора принимает следующий вид

$$g^{ab}_{;k} = -g^{ai} g^{bj} g_{ij;k}$$

Определение 4.3.1. Мы будем называть многообразие с кручением и неметричностью **метрико-аффинным многообразием** [2]. □

Если мы изучаем подмногообразие V_n многообразия V_{n+m}, мы видим, что имерсия порождает связность $\Gamma^\alpha_{\beta\gamma}$, которая связана со связностью в многообразии соотношением

$$\Gamma^\alpha_{\beta\gamma} e^l_\alpha = \Gamma^l_{mk} e^m_\beta e^k_\gamma + \frac{\partial e^l_\beta}{\partial u^\gamma}$$

Следовательно, не существует непрерывного вложения пространства с кручением в риманово пространство.

Глава 5

Геометрия метрико-аффинного многообразия

5.1. Кривая экстремальной длины

Существует два разных определения геодезической в римановом многообразии. Одно из них опирается на параллельный перенос. Мы будем называть соответствующую **кривую автопараллельной**. Другое определение опирается на длину траектории. Мы будем называть соответствующую **кривую экстремальной**. В метрико-аффинном многообразие эти линии имеют различные уравнения [7]. Уравнение автопараллельной кривой не меняется. Однако, уравнение экстремальной кривой меняется.[5.1]

Теорема 5.1.1. *Пусть $x^i = x^i(t,\alpha)$ - кривая, зависящая от параметра α, с фиксированными точками при $t = t_1$ и $t = t_2$, и мы определяем её длину как*

$$s = \int_{t_1}^{t_2} \sqrt{g_{ij}\frac{dx^i}{dt}\frac{dx^j}{dt}}dt \tag{5.1.1}$$

Тогда

$$\delta s = \int_{t_1}^{t_2} \left(\frac{1}{2}\left(g_{kj;i} - g_{ik;j} - g_{ij;k}\right)\frac{dx^k}{ds}\frac{dx^j}{ds}ds - g_{ij}D\frac{dx^j}{ds}\right)\delta x^i \tag{5.1.2}$$

где δx^k - изменение длины, когда α меняется.

Доказательство. Имеем

$$\frac{ds}{dt} = \sqrt{g_{ij}\frac{dx^i}{dt}\frac{dx^j}{dt}}$$

и

$$\delta s = \int_{t_1}^{t_2} \frac{\delta\left(g_{ij}\frac{dx^i}{dt}\frac{dx^j}{dt}\right)}{2\frac{ds}{dt}}dt \tag{5.1.3}$$

Мы можем оценить знаменатель дроби в равенстве (5.1.3)

$$\begin{aligned}
&g_{ij,k}\delta x^k\frac{dx^i}{dt}\frac{dx^j}{dt} + 2g_{ij}\delta\frac{dx^i}{dt}\frac{dx^j}{dt}\\
=&g_{ij;k}\delta x^k dx^i dt\frac{dx^j}{dt} + 2g_{ij}\Gamma^i_{lk}\delta x^k\frac{dx^l}{dt}\frac{dx^j}{dt} + 2g_{ij}d\frac{\delta x^i}{dt}\frac{dx^j}{dt} =\\
=&g_{ij;k}\delta x^k\frac{dx^i}{dt}\frac{dx^j}{dt} + 2g_{ij}\frac{D\delta x^i}{dt}\frac{dx^j}{dt}
\end{aligned} \tag{5.1.4}$$

[5.1] Чтобы вывести уравнение (5.1.5), я следую идеям, которые Рашевский [12] использовал для Риманова многообразия.

Из равенств (5.1.3), (5.1.4) следует, что

$$\begin{aligned}
\delta s &= \int_{t_1}^{t_2} \frac{g_{ij;k}\delta x^k dx^i \frac{dx^j}{dt} + 2g_{ij}D\delta x^i \frac{dx^j}{dt}}{2\frac{ds}{dt}} \\
&= \int_{t_1}^{t_2} \left(\frac{1}{2}g_{ij;k}\delta x^k dx^i \frac{dx^j}{ds} + g_{ij}D\delta x^i \frac{dx^j}{ds}\right) \\
&= \int_{t_1}^{t_2} \left(\frac{1}{2}g_{kj;i}\delta x^i \frac{dx^k}{ds} ds \frac{dx^j}{ds} + d\left(g_{ij}\delta x^i \frac{dx^j}{ds}\right) - g_{ij;k}\frac{dx^k}{ds} ds \frac{dx^j}{ds}\delta x^i - g_{ij}D\frac{dx^j}{ds}\delta x^i\right) \\
&= \left(g_{ij}\delta x^i \frac{dx^j}{ds}\right)\Bigg|_{t_1}^{t_2} + \int_{t_1}^{t_2} \left(\frac{1}{2}\left(g_{kj;i} - g_{ij;k} - g_{ik;j}\right)\frac{dx^k}{ds}\frac{dx^j}{ds} ds - g_{ij}D\frac{dx^j}{ds}\right)\delta x^i
\end{aligned}$$

Первое слагаемое равно 0, так как точки, где $t = t_1$ и $t = t_2$, зафиксированы. Следовательно, мы доказали утверждение теоремы. □

Теорема 5.1.2. *Экстремальная кривая удовлетворяет уравнению*

$$\frac{D\frac{dx^l}{ds}}{ds} = \frac{1}{2}g^{il}\left(g_{kj;i} - g_{ik;j} - g_{ij;k}\right)\frac{dx^k}{ds}\frac{dx^j}{ds} \tag{5.1.5}$$

Доказательство. Чтобы найти линию экстремальной длины, мы воспользуемся функционалом (5.1.1). Так как $\delta s = 0$, то

$$\frac{1}{2}\left(g_{kj;i} - g_{ij;k} - g_{ik;j}\right)\frac{dx^k}{ds}\frac{dx^j}{ds} ds - g_{ij}D\frac{dx^j}{ds} = 0$$

следует из (5.1.2). □

Теорема 5.1.3. *Параллельный перенос вдоль экстремальной кривой сохраняет длину касательного вектора.*

Доказательство. Пусть

$$v^i = \frac{dx^i}{ds}$$

касательный вектор к экстремальной кривой. Из теоремы 5.1.2 следует, что

$$\frac{Dv^l}{ds} = g^{il}\frac{1}{2}\left(g_{kj;i} - g_{ik;j} - g_{ij;k}\right)v^k v^j$$

и

$$\begin{aligned}
\frac{Dg_{kl}v^k v^l}{ds} &= \frac{Dg_{kl}}{ds}v^k v^l + g_{kl}\frac{Dv^k}{ds}v^l + g_{kl}v^k\frac{Dv^l}{ds} \\
&= g_{kl;p}v^p v^k v^l + g_{kl}g^{ik}\frac{1}{2}\left(g_{rj;i} - g_{ir;j} - g_{ij;r}\right)v^r v^j v^l \\
&\qquad + g_{kl}v^k g^{il}\frac{1}{2}\left(g_{rj;i} - g_{ir;j} - g_{ij;r}\right)v^r v^j \\
&= g_{kl;p}v^p v^k v^l + \left(g_{rj;l} - g_{lr;j} - g_{lj;r}\right)v^r v^j v^l = 0
\end{aligned}$$

Следовательно длина вектора v^i не меняется вдоль экстремальной кривой. □

5.2. Перенос Френе

Из уравнения (5.1.5) следует, что экстремальная кривая имеет кривизну 0. По определению, кривизна кривой равна

$$\xi(s) = \left|\frac{D\frac{dx^l}{ds}}{ds}\right|$$

Следовательно, мы можем определить единичный вектор e_1 такой, что

$$\frac{D\frac{dx^l}{ds}}{ds} = \xi e_1^l$$

Знание переноса базиса вдоль кривой очень важно, так как это позволяет нам изучать как изменяется пространство время, когда наблюдатель совершает движение. Наша задача - найти уравнения, подобные переносу Френе в римановом пространстве. Мы строим сопутствующий базис ν_k^i таким же образом, как мы это делаем в римановом пространстве.

Векторы

$$\xi^i(t) = \frac{dx^i(t)}{dt}, \quad \frac{D\xi^i}{dt}, \quad ... \quad \frac{D^{n-1}\xi^i}{dt^{n-1}}$$

вообще говоря, линейно независимы. Мы называем плоскость, построенную на базе первых p векторов, p-ой соприкасающейся плоскостью R_p. Эта плоскость не зависит от выбора параметра t.

Наша следующая задача - построить ортогональный базис, который покажет нам, как кривая изменяется. Мы берём вектор $\nu_1^i \in R_1$ так, что он касателен к кривой. Мы берём вектор $\nu_p^i \in R_p$, $p > 1$ так, что ν_p^i ортогонален R_{p-1}. Если исходная кривая не изотропна, то каждый ν_p^i также не изотропен и мы можем взять единичный вектор в том же направлении. Мы называем этот базис сопутствующим.

ТЕОРЕМА 5.2.1. **Перенос Френе** *в метрико-аффинном многообразии имеет вид*

$$\frac{D\nu_p^i}{dt} = \frac{1}{2}g^{im}(g_{kl;m} - g_{km;l} - g_{ml;k})\nu_1^k\nu_p^l - \tag{5.2.1}$$

$$-\epsilon_p\epsilon_{p-1}\xi_{p-1}\nu_{p-1}^i + \xi_p\nu_{p+1}^i$$

$$\epsilon_k = sign(g_{pq}\nu_k^p\nu_k^q)$$

Здесь ν_k^a - вектор базиса, движущегося вдоль кривой,

$$\epsilon_k = sign(g_{pq}\nu_k^p\nu_k^q)$$

ДОКАЗАТЕЛЬСТВО. Мы определяем векторы ν_k^a таким образом, что

$$\frac{D\nu_p^i}{dt} = \frac{1}{2}g^{im}(g_{kl;m} - g_{km;l} - g_{ml;k})\nu_1^k\nu_p^l + a_p^q\nu_q^i \tag{5.2.2}$$

где $a_p^q = 0$, когда $q > p+1$. Теперь мы можем определить коэффициенты a_p^q. Если мы возьмём производную уравнения

$$g_{ij}\nu_p^i\nu_p^j = const$$

и подставим (5.2.2), мы получим уравнение

$$\begin{aligned}
\frac{dg_{ij}\nu_a^i\nu_b^j}{ds} &= \frac{Dg_{ij}}{ds}\nu_a^i\nu_b^j + g_{ij}\frac{D\nu_a^i}{ds}\nu_b^j + g_{ij}\nu_a^i\frac{D\nu_b^j}{ds}\\
&= g_{ij;k}\nu_1^k\nu_a^i\nu_b^j + g_{ij}(\frac{1}{2}g^{im}(g_{kl;m} - g_{km;l} - g_{ml;k})\nu_1^k\nu_a^l + a_a^q\nu_q^i)\nu_b^j\\
&\quad + g_{ij}\nu_a^i(\frac{1}{2}g^{jm}(g_{kl;m} - g_{km;l} - g_{ml;k})\nu_1^k\nu_b^l + a_b^q\nu_q^i)\\
&= g_{ij;k}\nu_1^k\nu_a^i\nu_b^j + g_{ij}\frac{1}{2}g^{im}(g_{kl;m} - g_{km;l} - g_{ml;k})\nu_1^k\nu_a^l\nu_b^j + g_{ij}a_a^q\nu_q^i\nu_b^j\\
&\quad + g_{ij}\nu_a^i\frac{1}{2}g^{jm}(g_{kl;m} - g_{km;l} - g_{ml;k})\nu_1^k\nu_b^l + g_{ij}\nu_a^i a_b^q\nu_q^j\\
&= \frac{1}{2}\nu_1^k\nu_a^i\nu_b^j(2g_{ij;k} + g_{ki;j} - g_{kj;i} - g_{ji;k} + g_{kj;i} - g_{ki;j} - g_{ij;k}) +\\
&\quad + \epsilon_b a_a^b + + \epsilon_a a_b^a = 0
\end{aligned}$$

$a_p^q = 0$, когда $q > p+1$ по определению. Следовательно $a_p^q = 0$, когда $q < p+1$. Полагая $\xi_p = a_p^{p+1}$, мы получим

$$a_{p+1}^p = -\epsilon_p \epsilon_{p+1} \xi_p$$

Когда $q = p$, мы получим

$$a_{p,p} = 0$$

Мы получим (5.2.1), когда подставим a_p^q в (5.2.2). □

5.3. Связность Картана

Теоремы 5.1.2 и 5.2.1 утверждают, что движение вдоль кривой порождает преобразование вектора, дополнительное к параллельному переносу. Это преобразование очень важно и мы будем называть его **переносом Картана**. Мы определим **символ Картана**

$$\Gamma(C)_{kl}^i = \frac{1}{2} g^{im} (g_{kl;m} - g_{km;l} - g_{ml;k})$$

и **связность Картана**

$$\overbrace{\Gamma_{kl}^i} = \Gamma_{kl}^i - \Gamma(C)_{kl}^i = \Gamma_{kl}^i - \frac{1}{2} g^{im} (g_{kl;m} - g_{km;l} - g_{ml;k})$$

Пользуясь связностью Картана, мы можем записать форму связности в виде

$$\omega = dx^i - \overbrace{\Gamma_{kl}^i} a^k dx^l$$

Соответственно, мы определим **производную Картана**

$$\overbrace{\nabla_l} a^i = a_{;\{l\}}^i = \partial_l a^i + \overbrace{\Gamma_{kl}^i} a^k$$

$$\overbrace{D} a^i = da^i + \overbrace{\Gamma_{kl}^i} a^k dx^l$$

Теорема 5.3.1. *Перенос Картана вдоль экстремальной кривой сохраняет длину касательного вектора.*

Доказательство. Пусть

$$v^i = \frac{dx^i}{ds}$$

- касательный вектор к экстремальной кривой. Из теоремы 5.1.2 следует, что

$$\frac{Dv^l}{ds} = \frac{1}{2} g^{il} (g_{kj;i} - g_{ik;j} - g_{ij;k}) v^k v^j$$

и

$$\begin{aligned}
\frac{D g_{kl} v^k v^l}{ds} &= \frac{D g_{kl}}{ds} v^k v^l + g_{kl} \frac{Dv^k}{ds} v^l + g_{kl} v^k \frac{Dv^l}{ds} \\
&= g_{kl;p} v^p v^k v^l + \\
&+ g_{kl} g^{ik} \frac{1}{2} (g_{rj;i} - g_{ir;j} - g_{ij;r}) v^r v^j v^l \\
&+ g_{kl} v^k g^{il} \frac{1}{2} (g_{rj;i} - g_{ir;j} - g_{ij;r}) v^r v^j \\
&= g_{kl;p} v^p v^k v^l + (g_{rj;l} - g_{lr;j} - g_{lj;r}) v^r v^j v^l = 0
\end{aligned}$$

Следовательно длина вектора v^i не меняется вдоль экстремальной кривой. □

Мы распространим перенос Картана на любой геометрический объект подобно тому, как мы это делаем для параллельного переноса.

Теорема 5.3.2.

$$g_{ij;\{l\}} = 0$$

Доказательство.

$$\overbrace{\nabla_l}\ g_{ij} = \partial_l g_{ij} - \overbrace{\Gamma^k_{il}}\ g_{kj} - \overbrace{\Gamma^k_{jl}}\ g_{ik} =$$
$$= g_{ij;l} + \frac{1}{2}g^{km}(g_{il;m} - g_{im;l} - g_{ml;i})g_{kj} + \frac{1}{2}g^{km}(g_{jl;m} - g_{jm;l} - g_{ml;j})g_{ik} = 0$$

□

Связность Картана $\overbrace{\Gamma^i_{kl}}$ отличается от связности Γ^i_{kl} на дополнительное слагаемое, которое является симметричным тензором. Для любой связности мы определяем стандартным образом производную и кривизну. Утверждения геометрии и физики имеют одну и ту же форму, независимо от того использую ли я связность Γ^i_{kl} или связность Картана. Чтобы это показать, мы можем обобщить понятие связности Картана и изучать связность, определённую равенством

$$\overline{\Gamma^i_{kl}} = \Gamma^i_{kl} + A^i_{kl} \tag{5.3.1}$$

где A - это 0, или символ Картана или любой другой симметричный тензор. Соответственно мы определяем производную

$$\overline{\nabla}_l a^i = a^i_{;<l>} = \partial_l a^i + \overline{\Gamma^i_{kl}} a^k$$

$$\overline{D} a^i = da^i + \overline{\Gamma^i_{kl}} a^k dx^l$$

и кривизну

$$\overline{R^a_{bij}} = \partial_i \overline{\Gamma^a_{bj}} - \partial_j \overline{\Gamma^a_{bi}} + \overline{\Gamma^a_{ci}}\,\overline{\Gamma^c_{bj}} - \overline{\Gamma^a_{cj}}\,\overline{\Gamma^c_{bi}} \tag{5.3.2}$$

Эта связность имеет тоже кручение

$$T^a_{cb} = \overline{\Gamma^a_{bc}} - \overline{\Gamma^a_{cb}} \tag{5.3.3}$$

С этой точки зрения теорема 5.3.1 означает, что экстремальная кривая является геодезической для связности Картана.

Теорема 5.3.3. *Кривизна связности* (5.3.1) *имеет вид*

$$\overline{R^a_{bde}} = R^a_{bde} + A^a_{be;d} - A^a_{bd;e} + A^a_{cd}A^c_{be} - A^a_{ce}A^c_{bd} + S^p_{de}A^a_{bp} \tag{5.3.4}$$

где R^a_{bde} *- кривизна связности* Γ^i_{kl}

Доказательство.

$$\begin{aligned}\overline{R^a_{bde}} &= \overline{\Gamma^a_{be,d}} - \overline{\Gamma^a_{bd,e}} + \overline{\Gamma^a_{cd}}\ \overline{\Gamma^c_{be}} - \overline{\Gamma^a_{ce}}\ \overline{\Gamma^c_{bd}}\\
&= \Gamma^a_{be,d} + A^a_{be,d} - \Gamma^a_{bd,e} - A^a_{bd,e}\\
&+ (\Gamma^a_{cd} + A^a_{cd})(\Gamma^c_{be} + A^c_{be}) - (\Gamma^a_{ce} + A^a_{ce})(\Gamma^c_{bd} + A^c_{bd})\\
&= \Gamma^a_{be,d} + A^a_{be,d} - \Gamma^a_{bd,e} - A^a_{bd,e}\\
&+ \Gamma^a_{cd}\Gamma^c_{be} + \Gamma^a_{cd}A^c_{be} + A^a_{cd}\Gamma^c_{be} + A^a_{cd}A^c_{be}\\
&- \Gamma^a_{ce}\Gamma^c_{bd} - A^a_{ce}\Gamma^c_{bd} - \Gamma^a_{ce}A^c_{bd} - A^a_{ce}A^c_{bd}\\
&= R^a_{bde} + A^a_{be,d} - A^a_{bd,e}\\
&+ \Gamma^a_{cd}A^c_{be} + A^a_{cd}\Gamma^c_{be} + A^a_{cd}A^c_{be}\\
&- A^a_{ce}\Gamma^c_{bd} - \Gamma^a_{ce}A^c_{bd} - A^a_{ce}A^c_{bd}\\
&= R^a_{bde}\\
&+ A^a_{be;d} - \underline{\Gamma^a_{pd}A^p_{be}}_2 + \underline{\Gamma^p_{bd}A^a_{pe}}_4 + \underline{\Gamma^p_{ed}A^a_{bp}}_{1:S}\\
&- A^a_{bd;e} + \underline{\Gamma^a_{pe}A^p_{bd}}_3 - \underline{\Gamma^p_{be}A^a_{pd}}_5 - \underline{\Gamma^p_{de}A^a_{bp}}_1\\
&+ \underline{\Gamma^a_{cd}A^c_{be}}_2 + \underline{\Gamma^c_{be}A^a_{cd}}_5 + A^a_{cd}A^c_{be}\\
&- \underline{\Gamma^c_{bd}A^a_{ce}}_4 - \underline{\Gamma^a_{ce}A^c_{bd}}_3 - A^a_{ce}A^c_{bd}\end{aligned}$$

□

Следствие 5.3.4. **Кривизна Картана** *имеет вид*

$$\overbrace{R^a_{bde}} = R^a_{bde} - \Gamma(C)^a_{be;d} + \Gamma(C)^a_{bd;e} + \Gamma(C)^a_{cd}\Gamma(C)^c_{be} - \Gamma(C)^a_{ce}\Gamma(C)^c_{bd} - T^p_{de}\Gamma(C)^a_{bp} \tag{5.3.5}$$

5.4. Производная Ли

Векторное поле ξ^k на многообразии порождает инфинитезимальное преобразование

$$x'^k = x^k + \epsilon\xi^k \tag{5.4.1}$$

которое ведёт к **производной Ли**. Производная Ли говорит нам, как объект изменяется, когда мы движемся вдоль векторного поля.

Из равенства (5.4.1) следует, что

$$\frac{\partial x'^l}{\partial x^k} = \delta^l_k + \epsilon\xi^l_{,k} \tag{5.4.2}$$

Из равенства (5.4.1) следует также, что

$$x^k = x'^k - \epsilon\xi^k \tag{5.4.3}$$

$$\frac{\partial x^l}{\partial x'^k} = \delta^l_k - \epsilon\xi^l_{,k} \tag{5.4.4}$$

Теорема 5.4.1. **Производная Ли метрики** *имеет вид*

$$\mathcal{L}_\xi g_{ab} = \xi^k_{;a}g_{kb} + \xi^k_{;b}g_{ka} + T^l_{ka}g_{lb}\xi^k + T^l_{kb}g_{la}\xi^k + g_{ab;k}\xi^k \tag{5.4.5}$$

Доказательство. Мы начнём с преобразования (5.4.1). Тогда

$$g_{ab}(x') = g_{ab}(x) + g_{ab,c}\epsilon\xi^c$$

Равенство

$$\begin{aligned}g'_{ab}(x') &= \frac{\partial x^c}{\partial x'^a}\frac{\partial x^d}{\partial x'^b}g_{cd}(x)\\
&= g_{ab} - \epsilon\xi^c_{,a}g_{cb} - \epsilon\xi^c_{,b}g_{ac}\end{aligned}$$

следует из равенства (5.4.4). Согласно определению производной Ли, мы имеем

$$\begin{aligned}\mathcal{L}_\xi g_{ab} &= g_{ab}(x') - g'_{ab}(x')\\ &= g_{ab,c}\epsilon\xi^c + \epsilon\xi^c_{,a}g_{cb} + \epsilon\xi^c_{,b}g_{ac}\\ &= (g_{ab;c} + \Gamma^d_{ac}g_{db} + \Gamma^d_{bc}g_{ad})\epsilon\xi^c\\ &+ \epsilon(\xi^c_{;a} - \Gamma^c_{da}\xi^d)g_{cb} + \epsilon(\xi^c_{;b} - \Gamma^c_{db}\xi^d)g_{ac}\end{aligned}$$

$$\begin{aligned}\mathcal{L}_\xi g_{ab} &= g_{ab;c}\xi^c + \Gamma^d_{ac}g_{db}\xi^c + \Gamma^d_{bc}g_{ad}\xi^c\\ &+ \xi^c_{;a}g_{cb} - \Gamma^c_{da}\xi^d g_{cb} + \xi^c_{;b}g_{ac} - \Gamma^c_{db}\xi^d g_{ac}\end{aligned} \tag{5.4.6}$$

(5.4.5) следует из (5.4.6) и (4.3.8). □

Теорема 5.4.2. **Производная Ли связности** *имеет вид*

$$\mathcal{L}_\xi\Gamma^a_{bc} = -R^a_{bcp}\xi^p - T^a_{bp;c}\xi^p - T^a_{be}\xi^e_{;c} + \xi^a_{;bc} \tag{5.4.7}$$

Доказательство. Мы начнём с преобразования (5.4.1). Тогда

$$\Gamma^a_{bc}(x') = \Gamma^a_{bc}(x) + \Gamma^a_{bc,p}\epsilon\xi^p \tag{5.4.8}$$

Равенство

$$\begin{aligned}\Gamma'^a_{bc}(x') &= \frac{\partial x'^a}{\partial x^e}\frac{\partial x^f}{\partial x'^b}\frac{\partial x^g}{\partial x'^c}\Gamma^e_{fg}(x) + \frac{\partial x'^a}{\partial x^e}\frac{\partial^2 x^e}{\partial x'^b\partial x'^c}\\ &= \Gamma^a_{bc} + \epsilon\xi^a_{,e}\Gamma^e_{bc} - \epsilon\xi^e_{,b}\Gamma^a_{ec} - \epsilon\xi^e_{,c}\Gamma^a_{be} + (\delta^a_e + \epsilon\xi^a_{,e})(-\epsilon\xi^e_{,cb})\\ &= \Gamma^a_{bc} + \epsilon\xi^a_{,e}\Gamma^e_{bc} - \epsilon\xi^e_{,b}\Gamma^a_{ec} - \epsilon\xi^e_{,c}\Gamma^a_{be} - \epsilon\xi^a_{,cb}\end{aligned} \tag{5.4.9}$$

следует из равенств (5.4.2), (5.4.4). По определению

$$\xi^a_{;e} = \xi^a_{,e} + \Gamma^a_{pe}\xi^p$$

$$\xi^a_{,e} = \xi^a_{;e} - \Gamma^a_{pe}\xi^p \tag{5.4.10}$$

Так как $\xi^a_{;ef}$ является тензором, то

$$\begin{aligned}\xi^a_{;ef} &= \xi^a_{;e,f} + \Gamma^a_{pf}\xi^p_{;e} - \Gamma^p_{ef}\xi^a_{;p}\\ &= \xi^a_{,ef} + \Gamma^a_{pe,f}\xi^p + \Gamma^a_{pe}\xi^p_{,f} + \Gamma^a_{pf}\xi^p_{;e} - \Gamma^p_{ef}\xi^a_{;p}\\ &= \xi^a_{,ef} + \Gamma^a_{pe,f}\xi^p + \Gamma^a_{pe}\xi^p_{;f} - \Gamma^a_{pe}\Gamma^p_{rf}\xi^r + \Gamma^a_{pf}\xi^p_{;e} - \Gamma^p_{ef}\xi^a_{;p}\end{aligned} \tag{5.4.11}$$

Равенство

$$\xi^a_{,ef} = \xi^a_{;ef} - \Gamma^a_{pe,f}\xi^p - \Gamma^a_{pe}\xi^p_{;f} + \Gamma^a_{pe}\Gamma^p_{rf}\xi^r - \Gamma^a_{pf}\xi^p_{;e} + \Gamma^p_{ef}\xi^a_{;p} \tag{5.4.12}$$

следует из равенства (5.4.11). Мы подставим (5.4.12) и (5.4.10) в (5.4.9) и получим

$$\begin{aligned}\Gamma'^a_{bc}(x') &= \Gamma^a_{bc} + \epsilon(\underline{\xi^a_{;e}}_{4:T} - \Gamma^a_{pe}\xi^p)\Gamma^e_{bc} - \epsilon(\underline{\xi^e_{;b}}_2 - \underline{\Gamma^e_{pb}\xi^p}_1)\Gamma^a_{ec} - \epsilon(\underline{\xi^e_{;c}}_{3:T} - \Gamma^e_{pc}\xi^p)\Gamma^a_{be}\\ &- \epsilon(\xi^a_{;cb} - \Gamma^a_{pc,b}\xi^p - \underline{\Gamma^a_{pc}\xi^p_{;b}}_2 + \underline{\Gamma^a_{pc}\Gamma^p_{rb}\xi^r}_1 - \underline{\Gamma^a_{pb}\xi^p_{;c}}_3 + \underline{\Gamma^p_{cb}\xi^a_{;p}}_4)\\ &= \Gamma^a_{bc} + \epsilon(\xi^a_{;e}T^e_{cb} - \Gamma^a_{pe}\xi^p\Gamma^e_{bc} + \xi^e_{;c}T^a_{be} + \Gamma^e_{pc}\xi^p\Gamma^a_{be} - \xi^a_{;cb} + \Gamma^a_{pc,b}\xi^p)\end{aligned} \tag{5.4.13}$$

Согласно определению производной Ли, мы имеем, пользуясь (5.4.8) и (5.4.13),

$$\begin{aligned}\mathcal{L}_\xi\Gamma^a_{bc} &= (\Gamma^a_{bc}(x') - \Gamma'^a_{bc}(x'))\epsilon^{-1}\\ &= (\Gamma^a_{bc} + \Gamma^a_{bc,p}\epsilon\xi^p\\ &- \Gamma^a_{bc} - \epsilon(\xi^a_{;e}T^e_{cb} - \Gamma^a_{pe}\xi^p\Gamma^e_{bc} + \xi^e_{;c}T^a_{be} + \Gamma^e_{pc}\xi^p\Gamma^a_{be} - \xi^a_{;cb} + \Gamma^a_{pc,b}\xi^p))\epsilon^{-1}\\ &= \Gamma^a_{bc,p}\xi^p - \xi^a_{;e}T^e_{cb} + \Gamma^a_{pe}\xi^p\Gamma^e_{bc} - \xi^e_{;c}T^a_{be} - \Gamma^e_{pc}\xi^p\Gamma^a_{be} + \xi^a_{;cb} - \Gamma^a_{pc,b}\xi^p\end{aligned} \tag{5.4.14}$$

Из (5.4.14) и (4.3.8) следует, что

$$
\begin{aligned}
\mathcal{L}_\xi\Gamma^a_{bc} &= \Gamma^a_{cb,p}\xi^p - \Gamma^a_{cp,b}\xi^p \\
&+ \underline{\Gamma^a_{pe}\Gamma^e_{bc}\xi^p}_{3:T} - \underline{\Gamma^a_{ep}\Gamma^e_{bc}\xi^p}_{3} + \underline{\Gamma^a_{ep}\Gamma^e_{bc}\xi^p}_{4:T} - \underline{\Gamma^a_{ep}\Gamma^e_{cb}\xi^p}_{4} + \Gamma^a_{ep}\Gamma^e_{cb}\xi^p \\
&- \underline{\Gamma^e_{pc}\Gamma^a_{be}\xi^p}_{1:T} + \underline{\Gamma^e_{pc}\Gamma^a_{eb}\xi^p}_{1} - \underline{\Gamma^a_{eb}\Gamma^e_{pc}\xi^p}_{2:T} + \underline{\Gamma^a_{eb}\Gamma^e_{cp}\xi^p}_{2} - \Gamma^a_{eb}\Gamma^e_{cp}\xi^p \\
&- \xi^a_{;e}T^e_{cb} - \xi^e_{;c}T^a_{be} + \xi^a_{;cb} - T^a_{cp,b}\xi^p - T^a_{bc,p}\xi^p \\
&= \Gamma^a_{cb,p}\xi^p - \Gamma^a_{cp,b}\xi^p + \Gamma^a_{ep}\Gamma^e_{cb}\xi^p - \Gamma^a_{eb}\Gamma^e_{cp}\xi^p \\
&- \underline{T^a_{pe}\Gamma^e_{bc}\xi^p}_{4:T} - \underline{\Gamma^a_{ep}T^e_{bc}\xi^p}_{1} - \underline{\Gamma^e_{pc}T^a_{eb}\xi^p}_{3:T} - \underline{\Gamma^a_{eb}T^e_{cp}\xi^p}_{2} \\
&- \xi^a_{;e}T^e_{cb} - \xi^e_{;c}T^a_{be} + \xi^a_{;cb} \\
&- T^a_{cp;b}\xi^p + \underline{\Gamma^a_{eb}T^e_{cp}\xi^p}_{2} - \underline{\Gamma^e_{cb}T^a_{ep}\xi^p}_{4} - \underline{\Gamma^e_{pb}T^a_{ce}\xi^p}_{5:T} \\
&- T^a_{bc;p}\xi^p + \underline{\Gamma^a_{ep}T^e_{bc}\xi^p}_{1} - \underline{\Gamma^e_{bp}T^a_{ec}\xi^p}_{5} - \underline{\Gamma^e_{cp}T^a_{be}\xi^p}_{3}
\end{aligned}
\tag{5.4.15}
$$

Из (5.4.15) и (4.3.10) следует, что

$$
\begin{aligned}
\mathcal{L}_\xi\Gamma^a_{bc} &= R^a_{cpb}\xi^p \\
&- T^e_{cp}T^a_{eb}\xi^p - T^a_{pe}T^e_{cb}\xi^p - T^e_{bp}T^a_{ce}\xi^p \\
&- \xi^a_{;e}T^e_{cb} - \xi^e_{;c}T^a_{be} + \xi^a_{;cb} - T^a_{cp;b}\xi^p - T^a_{bc;p}\xi^p \\
&= -R^a_{cbp}\xi^p \\
&- (T^a_{eb}T^e_{cp} + T^a_{ep}T^e_{bc} + T^a_{ec}T^e_{pb})\xi^p \\
&- \xi^a_{;e}T^e_{cb} - \xi^e_{;c}T^a_{be} + \xi^a_{;cb} - T^a_{cp;b}\xi^p - T^a_{bc;p}\xi^p
\end{aligned}
\tag{5.4.16}
$$

Из (5.4.16) и (5.5.1) следует, что

$$
\begin{aligned}
\mathcal{L}_\xi\Gamma^a_{bc} &= \underline{R^a_{cpb}\xi^p}_{1} \\
&- R^a_{bcp}\xi^p - R^a_{pbc}\xi^p - \underline{R^a_{cpb}\xi^p}_{1} \\
&+ \underline{T^a_{bc;p}\xi^p}_{3} + T^a_{pb;c}\xi^p + \underline{T^a_{cp;b}\xi^p}_{2} \\
&- \xi^a_{;e}T^e_{cb} - \xi^e_{;c}T^a_{be} + \xi^a_{;cb} - \underline{T^a_{cp;b}\xi^p}_{2} - \underline{T^a_{bc;p}\xi^p}_{3} \\
&= -R^a_{bcp}\xi^p - R^a_{pbc}\xi^p - T^a_{bp;c}\xi^p - \xi^a_{;e}T^e_{cb} - \xi^e_{;c}T^a_{be} + \xi^a_{;cb}
\end{aligned}
\tag{5.4.17}
$$

Мы подставим (4.3.11) в (5.4.17)

$$
\mathcal{L}_\xi\Gamma^a_{bc} = -R^a_{bcp}\xi^p - T^a_{bp;c}\xi^p - \underline{T^e_{cb}\xi^a_{;e}}_{1} - T^a_{be}\xi^e_{;c} - \underline{T^p_{bc}\xi^a_{;p}}_{1} + \xi^a_{;bc}
\tag{5.4.18}
$$

(5.4.7) следует из (5.4.18). □

Следствие 5.4.3. *Производная Ли связности в римановом пространстве имеет вид*

$$
\mathcal{L}_\xi\Gamma^a_{bc} = -R^a_{cbp}\xi^p + \xi^a_{;cb}
\tag{5.4.19}
$$

Доказательство. (5.4.19) следует из (5.4.7), когда $T^a_{bc} = 0$ □

5.5. Тождество Бианки

Теорема 5.5.1. *Первое тождество Бианки для пространства с кручением имеет вид*

$$
\begin{aligned}
&T^k_{ij;m} + T^k_{mi;j} + T^k_{jm;i} + T^k_{pi}T^p_{jm} + T^k_{pm}T^p_{ij} + T^k_{pj}T^p_{mi} \\
=&R^k_{jmi} + R^k_{ijm} + R^k_{mij}
\end{aligned}
\tag{5.5.1}
$$

Доказательство. Дифференциал равенства (4.3.7) имеет вид

$$
T^k_{ij,m}\theta^m \wedge \theta^i \wedge \theta^j = (\Gamma^k_{ji,m} - \Gamma^k_{ij,m})\theta^m \wedge \theta^i \wedge \theta^j
\tag{5.5.2}
$$

Две формы равны, когда их коэффициенты равны. Следовательно, из (5.5.2) следует, что

$$T^k_{ij,m}+T^k_{mi,j}+T^k_{jm,i}=\Gamma^k_{ji,m}-\Gamma^k_{ij,m}+\Gamma^k_{im,j}-\Gamma^k_{mi,j}+\Gamma^k_{mj,i}-\Gamma^k_{jm,i}$$

Мы выразим производные, пользуясь ковариантными производными, и изменим порядок слагаемых

$$\begin{aligned}
&T^k_{ij;m}-\underline{\Gamma^k_{pm}T^p_{ij}}_4+\underline{\Gamma^p_{im}T^k_{pj}}_{2:T}-\underline{\Gamma^p_{jm}T^k_{pi}}_{3:T}\\
&+T^k_{mi;j}-\underline{\Gamma^k_{pj}T^p_{mi}}_5+\underline{\Gamma^p_{mj}T^k_{pi}}_3-\underline{\Gamma^p_{ij}T^k_{pm}}_{1:T}\\
&+T^k_{jm;i}-\underline{\Gamma^k_{pi}T^p_{jm}}_6+\underline{\Gamma^p_{ji}T^k_{pm}}_1-\underline{\Gamma^p_{mi}T^k_{pj}}_2\\
&=\Gamma^k_{ji,m}-\Gamma^k_{jm,i}+\Gamma^k_{pm}\Gamma^p_{ji}-\Gamma^k_{pi}\Gamma^p_{jm}-\underline{\Gamma^k_{pm}\Gamma^p_{ji}}_4+\underline{\Gamma^k_{pi}\Gamma^p_{jm}}_6\\
&+\Gamma^k_{im,j}-\Gamma^k_{ij,m}+\Gamma^k_{pj}\Gamma^p_{im}-\Gamma^k_{pm}\Gamma^p_{ij}-\underline{\Gamma^k_{pj}\Gamma^p_{im}}_5+\underline{\Gamma^k_{pm}\Gamma^p_{ij}}_4\\
&+\Gamma^k_{mj,i}-\Gamma^k_{mi,j}+\Gamma^k_{pi}\Gamma^p_{mj}-\Gamma^k_{pj}\Gamma^p_{mi}-\underline{\Gamma^k_{pi}\Gamma^p_{mj}}_6+\underline{\Gamma^k_{pj}\Gamma^p_{mi}}_5
\end{aligned}\tag{5.5.3}$$

Равенство

$$\begin{aligned}
&T^k_{ij;m}+T^p_{mi}T^k_{pj}+T^p_{jm}T^k_{pi}+T^k_{mi;j}+T^p_{ij}T^k_{pm}+T^k_{jm;i}\\
&=R^k_{jmi}+R^k_{ijm}+R^k_{mij}
\end{aligned}\tag{5.5.4}$$

следует из равенства (5.5.3). (5.5.1) следует из (5.5.4). □

Если мы возьмём производную формы (4.3.9), мы увидим, что второе тождество Бианки не зависит от кручения.

5.6. Вектор Киллинга

Инвариантность метрического тензора g при инфинитезимальном координатном преобразовании (5.4.1) приводит к **уравнению Киллинга**.

Теорема 5.6.1. *Уравнение Киллинга в метрико-аффинном многообразии имеет вид*

$$\xi^k_{;a}g_{kb}+\xi^k_{;b}g_{ka}+T^l_{ka}g_{lb}\xi^k+T^l_{kb}g_{la}\xi^k+g_{ab;k}\xi^k=0\tag{5.6.1}$$

Доказательство. Инвариантность метрического тензора g означает, что его производная Ли равна 0

$$\mathcal{L}_\xi g_{ab}=0\tag{5.6.2}$$

(5.6.1) folows из (5.6.2) и (5.4.5). □

Теорема 5.6.2. *Условие инвариантности связности в метрико-аффинном многообразии имеет вид*

$$\xi^a_{;bc}=R^a_{bcp}\xi^p+T^a_{bp;c}\xi^p+T^a_{bp}\xi^p_{;c}\tag{5.6.3}$$

Доказательство. Так как связность инвариантна при инфинитезимальном преобразовании, мы имеем

$$\mathcal{L}_\xi\Gamma^a_{bc}=0\tag{5.6.4}$$

(5.6.3) следует из (5.6.4) и (5.4.7). □

Мы называем уравнение (5.6.3) **уравнением Киллинга второго рода** и вектор ξ^a **вектором Киллинга второго рода**.

Теорема 5.6.3. *Вектором Киллинга второго рода удовлетворяет уравнению*

$$\begin{aligned}
0=&R^a_{bcp}\xi^p+R^a_{cpb}\xi^p+R^a_{pbc}\xi^p\\
&+T^a_{bp;c}\xi^p+T^a_{pc;b}\xi^p+T^p_{cb}\xi^a_{;p}+T^a_{bp}\xi^p_{;c}+T^a_{pc}\xi^p_{;b}
\end{aligned}\tag{5.6.5}$$

Доказательство. Из (5.6.3) и (4.3.11) следует, что

$$
\begin{aligned}
R^a_{pbc}\xi^p - T^p_{bc}\xi^a_{;p} = {} & R^a_{cbp}\xi^p + T^a_{cp;b}\xi^p + T^a_{cp}\xi^p_{;b} \\
& - R^a_{bcp}\xi^p - T^a_{bp;c}\xi^p - T^a_{bp}\xi^p_{;c}
\end{aligned}
\tag{5.6.6}
$$

(5.6.5) следует из (5.6.6). □

Следствие 5.6.4. *Уравнением Киллинга второго рода в римановом пространстве является тождеством. Связность в римановом пространстве инвариантна при любом инфинитезимальном преобразовании* (5.4.1).

Доказательство. Прежде всего, кручение равно 0. Остальное является следствием первого тождества Бианки. □

Глава 6

Метрико-аффинная гравитация

6.1. Закон Ньютона: скалярный потенциал

Знание динамики точечной частицы важно для нас, так как мы можем изучать как частица взаимодействует с внешними полями, так же как свойства самой частицы.

Чтобы изучить движение точечной частицы, мы можем использовать потенциал определённых полей. Потенциал может быть скалярным или векторным.

В случае скалярного потенциала мы положим, что точечная частица имеет массу покоя m и мы пользуемся функцией Лагранжа в следующем виде

$$L = -mcds - Udx^0$$

о где U - **скалярный потенциал** или **потенциальная энергия**.

Теорема 6.1.1. (**Первый закон Ньютона**) *Если $U = 0$ (следовательно, мы рассматриваем свободное движение), то тело выбирает траекторию с экстремальной длиной.*

Теорема 6.1.2. (**Второй закон Ньютона**) *Траекторию точечной частицы удовлетворяет дифференциальному уравнению*

$$\frac{\overbrace{D}\ u^l}{ds} = \frac{u^0}{mc}F^l \tag{6.1.1}$$

$$u^j = \frac{dx^l}{ds}$$

где мы определяем силу

$$F^l = g^{il}\frac{\partial U}{\partial x^i} \tag{6.1.2}$$

Доказательство. Пользуясь (5.1.2), мы можем записать вариацию лагранжиана в виде

$$\frac{1}{2}mc\left(g_{kl;i} - g_{ik;l} - g_{il;k}\right)u^k u^j ds - mcg_{ij}Du^j + \frac{\partial U}{\partial x^i}dx^0 = 0$$

Отсюда следует утверждение теоремы. □

6.2. Закон Ньютона: векторный потенциал

В разделе 6.1 мы изучили динамику скалярного потенциала. Однако в электродинамике мы рассматриваем **векторный потенциал** A^k. В этом случае действие имеет вид

$$S = \int_{t_1}^{t_2}\left(-mcds - \frac{e}{c}A_l dx^l\right)$$

$$A_c = g_{cd}A^d$$

Теорема 6.2.1. *Траектория частицы, движущейся в векторном поле, удовлетворяет дифференциальному уравнению*

$$\frac{\overbrace{D}\ u^j}{ds} = \frac{e}{mc^2}g^{ij}F_{li}u^l$$

$$u^j = \frac{dx^l}{ds}$$

где мы определяем **тензор напряжённости поля**

$$F_{dc} = A_{d;c} - A_{c;d} + S^p_{dc}A_p = \overbrace{\nabla_c} A_d - \overbrace{\nabla_d} A_c + S^p_{dc}A_p$$

Доказательство. Пользуясь (5.1.2), мы можем записать вариацию действия в виде

$$\delta S =$$

$$= \int_{t_1}^{t_2} \left(-mc \left(\frac{1}{2} \left(g_{kj;i} - g_{ij;k} - g_{ik;j} \right) u^k u^j ds - g_{ij} D u^j \right) \delta x^i - \frac{e}{c} \left(\delta A_l dx^l + A_l \delta dx^l \right) \right)$$

Мы можем оценить второе слагаемое

$$-\frac{e}{c} \left(A_{l,k} dx^l \delta x^k + A_l d\delta x^l \right) =$$

$$= -\frac{e}{c} \left(A_{l;k} dx^l \delta x^k + \Gamma^p_{lk} A_p dx^l \delta x^k + A_l d\delta x^l \right) =$$

$$= -\frac{e}{c} \left(A_{k;l} dx^l \delta x^k + (A_{l;k} - A_{k;l}) dx^l \delta x^k + S^p_{lk} A_p dx^l \delta x^k + \Gamma^p_{kl} A_p dx^l \delta x^k + A_l d\delta x^l \right) =$$

$$= -\frac{e}{c} \left(DA_k \delta x^k + A_k D\delta x^k + (A_{l;k} - A_{k;l}) dx^l \delta x^k + S^p_{lk} A_p dx^l \delta x^k \right) =$$

$$= -\frac{e}{c} \left(\underline{d \left(A_k \delta x^k \right)} + (A_{l;k} - A_{k;l} + S^p_{lk} A_p) dx^l \delta x^k \right)$$

Интеграл подчёркнутого слагаемого равен 0, так как точки, когда $t = t_1$ и $t = t_2$, фиксированы. Следовательно,

$$-mc \left(\frac{1}{2} \left(g_{kj;i} - g_{ij;k} - g_{ik;j} \right) u^k u^j ds - g_{ij} D u^j \right) - \frac{e}{c} F_{li} dx^l = 0$$

Отсюда следует утверждение теоремы. □

Из этой теоремы следует зависимость тензора напряжённости поля от производной метрики. Это изменяет форму уравнения Эйнштейна и импульс гравитацинного поля появляется в случае векторного поля.

Теорема 6.2.2. *Тензор напряжённости поля не изменяется, когда векторный потенциал изменяется согласно правилу*

$$A'_j = A_j + \partial_j \Lambda$$

где Λ *- произвольная функция* x*.*

Доказательство. Изменение в тензоре напряжённости поля имеет вид

$$(\partial_d \Lambda)_{;c} - (\partial_c \Lambda)_{;d} + S^p_{dc} \partial_p \Lambda =$$

$$\partial_{cd} \Lambda - \Gamma^p_{dc} \partial_p \Lambda - \partial_{dc} \Lambda + \Gamma^p_{cd} \partial_p \Lambda + S^p_{dc} \partial_p \Lambda = 0$$

Это доказывает теорему. □

Глава 7

Список литературы

[1] Альберт Эйнштейн, Геометрия и опыт, (1921) Собрание научных трудов, II, 83 - 84, М., Наука, 1966

[2] Eckehard W. Mielke, Affine generalization of the Komar complex of general relativity, Phys. Rev. D 63, 044018 (2001)

[3] Yu. N. Obukhov and J. G. Pereira, Metric-affine approach to teleparallel gravity, Phys. Rev. D 67, 044016 (2003), eprint arXiv:gr-qc/0212080 (2002)

[4] Giovanni Giachetta, Gennadi Sardanashvily, Dirac Equation in Gauge and Affine-Metric Gravitation Theories, eprint arXiv:gr-qc/9511035 (1995)

[5] Frank Gronwald and Friedrich W. Hehl, On the Gauge Aspects of Gravity, eprint arXiv:gr-qc/9602013 (1996)

[6] Yuval Neeman, Friedrich W. Hehl, Test Matter in a Spacetime with Nonmetricity, eprint arXiv:gr-qc/9604047 (1996)

[7] F. W. Hehl, P. von der Heyde, G. D. Kerlick, and J. M. Nester, General relativity with spin and torsion: Foundations and prospects,
Rev. Mod. Phys. 48, 393 (1976)

[8] O. Megged, Post-Riemannian Merger of Yang-Mills Interactions with Gravity, eprint arXiv:hep-th/0008135 (2001)

[9] Yu.N. Obukhov, E.J. Vlachynsky, W. Esser, R. Tresguerres and F.W. Hehl, An exact solution of the metric-affine gauge theory with dilation, shear, and spin charges, eprint arXiv:gr-qc/9604027 (1996)

[10] Л. Д. Ландау, Е. М. Лифшич, Теоретическая физика, теория поля, М., Наука, 1988

[11] Ч. Мизнер, К. Торн, Дж. Уилер. Гравитация, том 2.
Перевод с английского А. А. Рузмайкина под редакцией В. Б. Брагинского и И. Д. Новикова.
М. Мир, 1977.

[12] П. К. Рашевский, Риманова геометрия и тензорный анализ,
М., Наука, 1967

[13] Г. Корн, Т. Корн, Справочник по математике для научных работников и инженеров, М., Наука, 1974

[14] Aleks Kleyn, Representation Theory: Representation of Universal Algebra,
Lambert Academic Publishing, 2011

[15] Aleks Kleyn, Reference frame and Lorentz transformation,
Global Journals of Science Frontier Research A, volume 13, issue 1, pages 39 - 55, 2013

Глава 8

Предметный указатель

Глава 9

Специальные символы и обозначения

www.ingramcontent.com/pod-product-compliance
Lightning Source LLC
Chambersburg PA
CBHW051104180526
45172CB00002B/773
* 9 7 8 1 4 8 2 7 3 8 3 0 8 *